智能制造领域高素质技术技能型人才培养方案教材
高等职业教育机电一体化及电气自动化技术专业教材

自动化生产线安装与调试

U0333697

主　编　战崇玉　杨红霞
副主编　杨　可　夏伯融　李　莎　任瑞萍

华中科技大学出版社
http://www.hustp.com
中国·武汉

内 容 简 介

本书从应用型技术人才培养的实际需求出发,以较高的层次及较新的视角,对工业控制领域中所涉及的自动化生产线运行、安装与调试等进行了介绍。本书内容涵盖机械结构、电气线路、传感器检测等自动化生产线的基础技术,以及气压传动、变频调试、交流伺服等运动控制技术,还包括自动化生产线基本组成单元的机电系统的装调、PLC控制程序设计、人机界面设计、控制系统通信、系统运行及维护等方面的技术实践操作。

本书可以作为高职高专院校机电一体化、电气自动化等专业相关课程的教材,也可以作为应用型本科、职业技能竞赛的相关教材,还可以作为相关工程技术人员的参考资料。

图书在版编目(CIP)数据

自动化生产线安装与调试/战崇玉,杨红霞主编.—武汉:华中科技大学出版社,2018.12(2023.2重印)
ISBN 978-7-5680-4908-5

Ⅰ.①自… Ⅱ.①战… ②杨… Ⅲ.①自动生产线-安装 ②自动生产线-调试方法 Ⅳ.①TP278

中国版本图书馆 CIP 数据核字(2018)第 291453 号

自动化生产线安装与调试

Zidonghua Shengchanxian Anzhuang yu Tiaoshi

战崇玉 杨红霞 主编

策划编辑:张　毅
责任编辑:郑小羽
封面设计:抱　子
责任监印:朱　玢
出版发行:华中科技大学出版社(中国·武汉)　　电话:(027)81321913
　　　　　武汉市东湖新技术开发区华工科技园　　邮编:430223
录　　排:武汉三月禾文化传播有限公司
印　　刷:武汉邮科印务有限公司
开　　本:787mm×1092mm　1/16
印　　张:15.25
字　　数:387千字
版　　次:2023年2月第1版第4次印刷
定　　价:42.00元

本书若有印装质量问题,请向出版社营销中心调换
全国免费服务热线:400-6679-118　竭诚为您服务
版权所有　侵权必究

本书从培养应用型技术人才的实际需求出发,遵循职业教育要从"供给驱动"向"需求驱动"转变的教学理念,充分体现学习过程工作化、工作过程学习化、实习就业一体化。为了让学生获得较好的学习效果,本书任务内容紧密围绕德国双元制职业教育中的学习情境六步法,即资讯、计划、决策、实施、检查、评价。每一个学习内容,均以项目为载体,以任务为引领,从相关知识的准备、工作任务分析、技术方案的解决、程序设计与调试等方面着手,各个环节层层推进,衔接紧密,符合问题解决逻辑,充分锻炼学习者解决问题和分析问题的能力。

本书以 YL-335B 自动化生产线为载体,内容涉及自动化生产线的主要知识和技术,力争做到结构合理、循序渐进、易学易做、知识与技能相结合。根据工作任务内容的不同,采用不同的结构形式,每个项目中的任务 1 都是以知识为主的工作任务,由浅入深地安排了相关知识、实践指导等环节;任务 2 是以能力为主的工作任务,不仅安排了相关知识准备的环节,还重点按学习情境六步法安排了能力提升环节。

通过学习情境六步法完成整个教学过程,在能力目标中明确需要达到的对知识掌握和理解的水平,以及需要达到的分析问题、解决问题、完成工作任务的实践能力;在工作任务中明确本次任务需要完成的实践工作;在资讯 & 计划(相关知识或实践指导)中完成知识和技能的储备;在决策 & 实施中进行技术分析、方案确认,完成工作单元的机械装调、电气装调和程序设计等实践工作,提升专业应用能力;在检查 & 评价中完成工作任务完成效果分析,以及明确工作不足之处和待提升改进的地方。

本书由常州机电职业技术学院战崇玉、杨红霞担任主编,长江职业学院杨可、夏伯融、李莎及潍坊市工程技师学院任瑞萍担任副主编。其中,导论由任瑞萍编写,项目 1～项目 6 由战崇玉编写,项目 7、项目 8 由杨红霞编写,项目 9 由杨可编写,项目 10 由夏伯融、李莎编写。本书在编写过程中得到了亚龙教育装备有限责任公司的大力支持,并参阅了该公司的产品说明书与技术资料,也参阅了西门子变频器与 PLC、松下伺服驱动器和 MCGS 等产品的技术资料,在此一并表示感谢。

由于作者水平有限,加之编写时间仓促,所以书中难免存在错误和不足之处,恳请广大读者批评指正。

编 者

导论 ……………………………………………………………………………… (1)

学习领域一　自动化生产线基础技术 ……………………………… (11)

项目 1　位置检测技术 …………………………………………………… (12)

　任务 1　熟悉传感器 ……………………………………………………… (12)

　任务 2　YL-335B 自动化生产线上接近开关的使用 ………………… (20)

项目 2　人机界面技术 …………………………………………………… (34)

　任务 1　熟悉人机界面技术 ……………………………………………… (34)

　任务 2　YL-335B 自动化生产线中 MCGS 技术的应用 ……………… (40)

学习领域二　运动控制技术 ……………………………………………… (53)

项目 3　变频器控制技术 ……………………………………………… (54)

　任务 1　熟悉变频器调速系统 …………………………………………… (54)

　任务 2　YL-335B 自动化生产线中变频器的应用 …………………… (64)

项目 4　伺服驱动控制技术 ……………………………………………… (81)

　任务 1　熟悉交流伺服驱动系统 ………………………………………… (81)

　任务 2　YL-335B 自动化生产线中交流伺服的应用 ………………… (89)

学习领域三　YL-335B 自动化生产线各工作单元的装调 ………… (99)

项目 5　供料单元运行的装调 ………………………………………… (100)

　任务 1　供料单元机械与气动元件的装调 …………………………… (100)

　任务 2　供料单元 PLC 控制系统设计 ………………………………… (107)

项目 6　加工单元运行的装调 ………………………………………… (117)

　任务 1　加工单元机械与气动元件的装调 …………………………… (117)

　任务 2　加工单元 PLC 控制系统设计 ………………………………… (123)

项目 7　装配单元运行的装调 ………………………………………… (131)

　任务 1　装配单元机械与气动元件的装调 …………………………… (131)

任务 2 装配单元 PLC 控制系统设计 ·· (140)

项目 8 分拣单元运行的装调 ·· (150)

任务 1 分拣单元机械与气动元件的装调 ······························· (150)

任务 2 分拣单元 PLC 控制系统设计 ·································· (155)

项目 9 输送单元运行的装调 ·· (167)

任务 1 输送单元机械与气动元件的装调 ······························· (168)

任务 2 输送单元 PLC 控制系统设计 ·································· (175)

学习领域四 YL-335B 自动化生产线整体运行的装调 ·················· (199)

项目 10 YL-335B 自动化生产线整体运行的装调 ······················· (200)

任务 1 PLC 的 PPI 通信网络 ··· (204)

任务 2 人机界面和 PLC 控制程序的设计 ······················· (214)

参考文献 ··· (238)

导论

一、自动化生产线基本理论

1. 了解自动化生产线

自动化生产线是在连续流水生产线基础上发展形成的,是一种先进的生产组织形式,综合应用了机械技术、控制技术、传感器技术、驱动技术、接口技术、网络通信技术等。自动化生产线是按工艺路线排列若干自动机械,用自动输送装置将这些机械连成一个整体,并用控制系统按要求控制,具有自动操纵产品输送、加工、检测等综合能力的生产线,通常用于大批量自动或半自动连续加工一种工业产品。一些自动化生产线实例如图 0-1 所示。

(a)某焊机自动化生产线

(b)某托辊柔性制造自动化生产线

(c)某电蒸炉自动化生产线

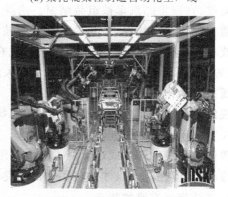
(d)某电动汽车自动化生产线

图 0-1　自动化生产线实例

2. 自动化生产线组成

自动化生产线主要由基本设备、运输贮存装置、控制系统三大部分组成。其中,运输贮存装置、控制系统是区别一般流水生产线和自动化生产线的重要标志,即:所谓自动化生产线,就是在一般流水生产线的基础上配以必要的自动检测、控制、调整补偿装置及自动供送料装置,自动完成相关操作及送料全过程。自动化生产线基本组成如图0-2所示。

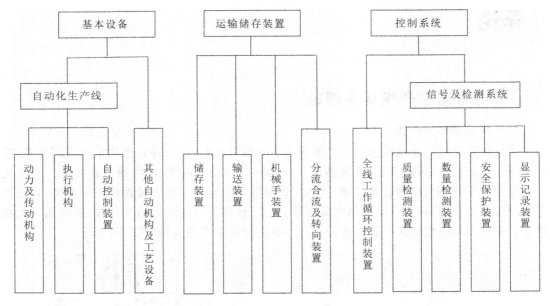

图 0-2　自动化生产线基本组成

3. 自动化生产线的发展历程

20世纪初,美国汽车制造业兴起,成批生产汽车急需新的生产方式。要想让一个工人在短时间内熟练掌握相应的加工技能,提高生产率和质量,最好的方法就是将复杂的加工及组装内容分解为简单、容易操作的若干内容。例如,在一间很长的车间内组装汽车,工人被安排在组装线两侧的各个工位上,每位工人只加工或组装一个或几个零件。本工位上加工或组装好的部件被传送装置送到下一个工位上,再由下一个工位上的工人继续加工或组装,依次类推,直到整部汽车被组装结束。这就是真正意义上的生产线式的生产。

随着现代科学技术,尤其是自动控制技术的快速发展,生产线的自动化程度越来越高,生产效率的进一步提高促使这种生产方式在其他许多行业得到应用,如机械制造、冶金、电子、仪表、化工学、造纸、航空、家电、食品、医药等。可以说,目前70%的工业产品都是在普通生产线或自动化生产线上生产的。

现代生产线生产方式还改变了人们传统的劳动模式,使技能形成从个人掌握全面技能向个人掌握单一纵深技能转变。

现代生产线生产方式还改变了传统的用工制度,由于技能向单一纵深转变,人才得以实现了流动,企业在流动人才的过程中得到发展。

4. 自动化生产线的特点

(1)复杂化,产品的复杂程度在提高,规模也越来越大,每个产品由成千上万个零件组成,例如美国福特、德国大众、日本丰田等汽车生产线;

(2)高速化,提高自动化生产线速度是提高劳动生产率的主要途径,例如国内卷烟自动化生产线的速度已达到10 000 支/min,而且有进一步增大的趋势;

(3)自动化程度进一步提高,由于机、电、气、液技术的高度结合,以及工业机械手与工业机器人的广泛应用,自动化生产线不仅能自动完成加工工艺操作和辅助操作,而且能自动检测运行状态、自动判断记忆、自动发现和排除故障、自动分选和剔除废品;

(4)生产线的柔性程度提高了,可编程,适应性强,改产容易;

(5)生产线控制方式更人性化,如可视化、友好化、简约化、统计化。

总之,现代生产线生产方式朝着生产结构国际化、产品技术电子化、生产方式经营化等方向发展,生产趋于集约化、专业化、自动化、连续化。

5. 自动化生产线的主要技术

自动化生产线所涉及的技术领域非常广泛,它通过综合应用机械技术、控制技术、传感器技术、驱动技术、网络技术等,完成预定的生产加工任务。目前在自动化生产线领域得到应用的主要技术包括:

(1)可编程控制器应用技术　可编程控制器已经成为实现自动化生产线顺序控制功能的首选控制器,并在进一步完善自身功能,以适应自动化生产线上的过程控制、数据处理、网络通信等更高的控制要求;

(2)传感器技术　传感器在自动化生产线的生产过程中监视各种复杂的自动控制数据,是自动化生产线的"眼睛"和"耳朵",发挥着极其重要的作用;

(3)机械手、机器人技术　自动化生产线越来越依赖于机械手与机器人来完成复杂的加工操作以及工件输送,从而实现更高程度的自动化;

(4)网络技术　无论是现场总线还是工业以太网,都使得自动化生产线中的各个控制单元构成一个协调运转的整体。

6. 自动化生产线的维修与保养

1)自动化生产线的维修

自动化生产线节省了大量的时间和成本,在工业发达的城市,自动化生产线的维修成为讨论热点。自动化生产线的维修主要靠操作工与维修工共同完成。

自动化生产线维修的两大方法如下。

(1)同步修理法　在生产中,自动化生产线如发现较小故障,尽量不修,采取维持方法,使生产线继续生产到节假日,节假日里集中维修工、操作工,对所有故障进行修理,这样设备在工作日可正常全线生产。

(2)分步修理法　自动化生产线如有较大故障,所需修理时间较长,不能用同步修理法。这时利用节假日,集中维修工、操作工,对某一部分故障进行修理。待到下个节假日,对另一部分故障进行修理,保证自动化生产线在工作时间不停产。

另外,在管理中尽量采用预修的方法。在设备中安装计时器,记录设备工作时间,应用磨损规律预测易损件的磨损情况,提前更换易损件,这样可以预先排除故障,保证生产线满负荷生产。

2)自动化生产线的保养

(1)班前班后要检查、清理电路、气路、油路及机械传动部位(如导轨等);

(2)工作过程要巡检,重点部位要抽检,发现异常要记录,小问题班前班后处理(所需时间不长),大问题做好配件准备;

(3)全线统一停机维修,做好易损件保养计划,提前更换易损件,防患于未然。

二、自动化生产线实训载体

下面以亚龙 YL-335B 型自动化生产线实训考核装备为载体,进一步介绍自动化生产线。

1. YL-335B 的基本组成

亚龙 YL-335B 型自动化生产线实训考核装备由安装在铝合金导轨式实训台上的供料单元、加工单元、装配单元、输送单元和分拣单元 5 个单元组成,其外观图如图 0-3 所示。

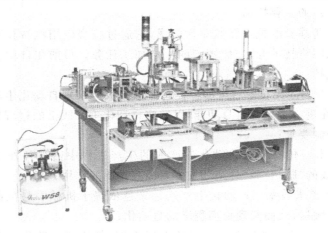

图 0-3　YL-335B 型自动化生产线的外观图

其中,每一个工作单元都可自成一个独立的系统,同时也都是一个机电一体化系统。各个工作单元的执行机构基本上以气动执行机构为主,但输送单元机械手装置的整体运动则采用步进电动机驱动、精密定位的位置控制,该驱动系统具有长行程、多定位点的特点,是一个典型的一维位置控制系统。传送带驱动则采用了通用变频器驱动三相异步电动机作为交流传动装置。位置控制技术和变频器技术是现代工业企业应用最广泛的电气控制技术。

在 YL-335B 设备上应用了多种类型的传感器,用于判断物体的运动位置、物体通过的状态、物体的颜色及材质等。传感器技术是机电一体化技术中的关键技术之一,是现代工业实现高度自动化的前提之一。

在控制方面,YL-335B 采用了基于 RS-485 串行通信的 PLC 网络控制方案,即每一个工作单元由一台 PLC 承担其控制任务,各 PLC 之间通过 RS-485 串行通信实现互连的分布式控制方式。用户可根据需要选择不同厂家的 PLC 及其所支持的 RS-485 通信模式,组建一个小型的 PLC 网络。小型 PLC 网络以其结构简单、价格低廉的特点在小型自动化生产线上仍然有着广泛的应用,在现代工业网络通信中仍占据相当大的份额。另一方面,掌握基于 RS-485 串行通信的 PLC 网络技术,能为进一步学习现场总线技术、工业以太网技术等打下良好的基础。

2. YL-335B 的基本功能

YL-335B 中各工作单元在实训台上的分布如图 0-4 所示。

各个工作单元的基本功能如下。

(1) 供料单元的基本功能:供料单元是 YL-335B 中的起始单元,在整个系统中起着向系统中的其他工作单元提供原料的作用。具体功能:按照需要将放置在料仓中的待加工工件(原料)自动地推出到物料台上,以便输送单元的机械手将其抓取并输送到其他工作单元上。供料单元的外观图如图 0-5 所示。

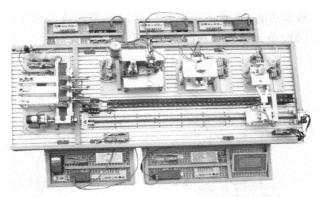

图 0-4   YL-335B 中各工作单元在实训台上的分布

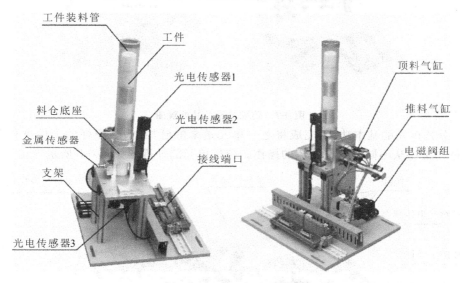

图 0-5   供料单元的外观图

（2）加工单元的基本功能：把该单元物料台上的工件（工件由输送单元的抓取机械手装置送来）送到冲压机构下面，完成一次冲压加工动作，然后将工件再送回到物料台上，待输送单元的抓取机械手装置取出。加工单元的外观图如图 0-6 所示。

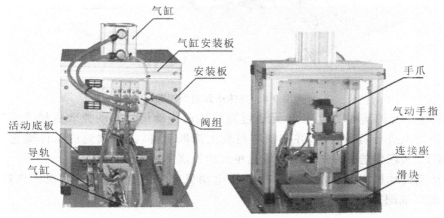

图 0-6   加工单元的外观图

（3）装配单元的基本功能：完成将该单元料仓内的黑色或白色小圆柱工件嵌到已加工工件中的装配过程。装配单元总装外观图如图0-7所示。

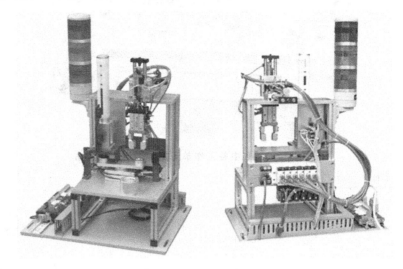

图 0-7　装配单元总装外观图

（4）分拣单元的基本功能：完成将上一单元送来的已加工、装配好的工件进行分拣，使不同颜色的工件从不同的料槽分流的操作。分拣单元的外观图如图0-8所示。

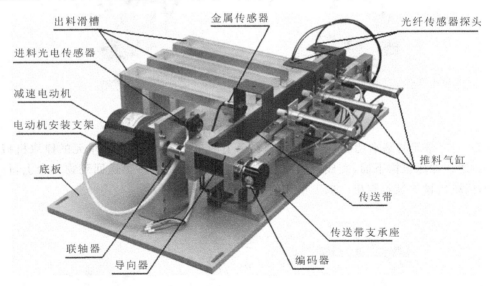

图 0-8　分拣单元的外观图

（5）输送单元的基本功能：该单元通过直线运动传动机构驱动抓取机械手装置到指定单元的物料台上进行精确定位，并在该物料台上抓取工件，把抓取到的工件输送到指定地点，然后放下，实现传送工件的功能。输送单元的外观图如图0-9所示。

直线运动传动机构的驱动器可采用伺服电动机或步进电动机，具体视实训目的而定。YL-335B的标准配置为伺服电动机。

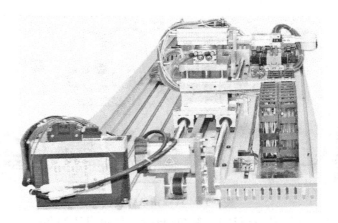

图 0-9　输送单元的外观图

3. YL-335B 的电气控制

1）YL-335B 的结构特点

YL-335B 的各工作单元的结构特点是机械装置和电气控制部分相对分离。每个工作单元的机械装置整体安装在底板上,而控制工作单元生产过程的 PLC 装置则安装在工作台两侧的抽屉板上。因此,工作单元机械装置与 PLC 装置之间的信息交换是一个关键问题。YL-335B 的解决方案:机械装置上各电磁阀和传感器的引出线均连接到装置侧的接线端口上,PLC 的 I/O 引出线则连接到 PLC 侧的接线端口上,两个接线端口间通过多芯信号电缆连接。图 0-10 和图 0-11 所示分别是装置侧的接线端口和 PLC 侧的接线端口。

图 0-10　装置侧的接线端口

图 0-11　PLC 侧的接线端口

装置侧的接线端口采用三层端子结构,上层端子用以连接 DC 24 V 电源的 +24 V 端,底层端子用以连接 DC 24 V 电源的 0 V 端,中间层端子用以连接各信号线。

PLC 侧的接线端口采用两层端子结构,上层端子用以连接各信号线,其端子号与装置侧的接线端口的中间层端子相对应,底层端子用以连接 DC 24 V 电源的 +24 V 端和 0 V 端。

装置侧的接线端口和 PLC 侧的接线端口之间通过专用电缆连接。其中 25 针接头电缆连接 PLC 的输入信号,15 针接头电缆连接 PLC 的输出信号。

2）YL-335B 的控制系统

YL-335B 的每一个工作单元都可自成一个独立的系统,同时也可以通过网络互联构成一个分布式的控制系统。

（1）当工作单元自成一个独立的系统时,其设备运行的主令信号以及运行过程中的状态显示信号,来源于该工作单元的按钮指示灯模块。按钮指示灯模块如图 0-12 所示。该模块上指示灯和按钮的端脚全部引到端子排上。按钮指示灯模块包括如下器件。

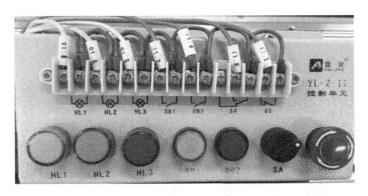

图 0-12　按钮指示灯模块

① 指示灯(DC 24 V):黄色(HL1)、绿色(HL2)、红色(HL3)各一个。

② 主令器件:绿色常开按钮 SB1、红色常开按钮 SB2、选择开关 SA(一对转换触点)、急停按钮 QS(一个常闭触点)。

(2) 当各工作单元通过网络互联构成一个分布式控制系统时,对于采用西门子S7-200系列 PLC 的设备,YL-335B 的标准配置是采用 PPI 协议的通信方式,如图 0-13 所示。

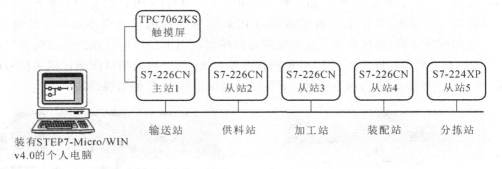

图 0-13　YL-335B 的 PPI 网络

各工作单元的 PLC 配置如下:

① 输送单元:S7-226 DC/DC/DC 主单元,共 24 点输入,16 点晶体管输出。

② 供料单元:S7-224 AC/DC/RLY 主单元,共 14 点输入和 10 点继电器输出。

③ 加工单元:S7-224 AC/DC/RLY 主单元,共 14 点输入和 10 点继电器输出。

④ 装配单元:S7-226 AC/DC/RLY 主单元,共 24 点输入,16 点继电器输出。

⑤ 分拣单元:S7-224 XP AC/DC/RLY 主单元,共 14 点输入和 10 点继电器输出。

(3) 人机界面。系统运行的主令信号(复位、启动、停止等)通过触摸屏人机界面给出。同时,人机界面上也显示系统运行的各种状态信息。

人机界面是操作人员和机器设备之间进行双向沟通的桥梁。使用人机界面能够明确指示并告知操作人员机器设备目前的状况,使操作变得简单生动,并且可以减少操作上的失误,即使是新手也可以很轻松地操作整个机器设备。使用人机界面还可以使机器的配线标准化、简单化,同时也能减少 PLC 控制器所需的 I/O 点数,降低生产的成本。同时,面板控制的小型化及高性能,相对提高了整套设备的附加价值。

YL-335B 采用了昆仑通态(MCGS)TPC7062KS 触摸屏作为它的人机界面,如图 0-14 所示。TPC7062KS 是一款以嵌入式低功耗 CPU 为核心(主频率为 400 MHz)的高性能嵌入式一体化工控机。该产品设计采用了 7 英寸(1 英寸＝0.025 4 米)高亮度 TFT 液晶显示屏(分辨率 800×480)、四线电阻式触摸屏(分辨率 4 096×4 096),同时还预装了微软嵌入式实时多任务操作系统 WinCE.NET(中文版)和 MCGS 嵌入式组态软件(运行版)。

图 0-14　MCGS 触摸屏

3) 供电电源

外部供电电源为三相五线制 AC 380V/220V。图 0-15 所示为供电电源模块一次回路原理图。总电源开关选用 DZ47LE-32/C32 型三相四线漏电开关。系统各主要负载通过自动开关单独供电。其中,变频器电源通过 DZ47C16/3P 三相自动开关供电,各工作单元 PLC 均采用 DZ47C5/1P 单相自动开关供电。YL-335B 配电箱安装图如图 0-16 所示。此外,系统配置 4 台 DC24V6A 开关稳压电源分别用作供料单元、加工单元、分拣单元以及输送单元的直流电源。

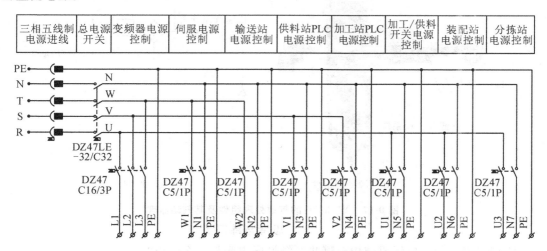

图 0-15　供电电源模块一次回路原理图

4) 气源处理装置

YL-335B 的气源处理组件及其气动原理如图 0-17 所示。气源处理组件是气动控制系统的基本组成器件,它的作用是除去压缩空气中所含的杂质及凝结水,调节并保持恒定的工作压力。在使用时,应注意经常检查过滤器中凝结水的水位,在水位超过最高标线以前,必须排放凝结水,以免其被重新吸入。气源处理组件的气路入口处安装一个快速气路开关,用

供料单元电源　加工单元电源　装配单元电源

总电源

分拣单元电源

伺服驱动电源

输送单元电源　变频器电源

图 0-16　YL-335B 配电箱安装图

于启/闭气源。当把快速气路开关向左拔出时,气路接通气源;反之,把快速气路开关向右推入时,气路关闭。气源处理组件的输入气源来自空气压缩机,所提供的压力为 0.6～1.0 MPa,输出压力为 0～0.8 MPa。输出的压缩空气通过快速三通接头和气管输送到各工作单元。

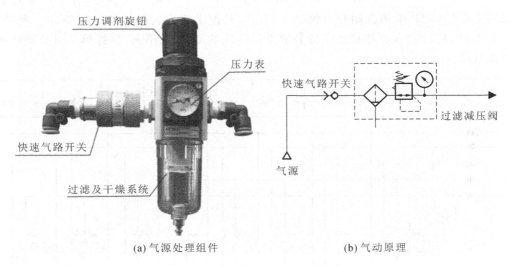

压力调剂旋钮

压力表

快速气路开关

快速气路开关

过滤减压阀

气源

过滤及干燥系统

(a) 气源处理组件　　　　　　　　　　(b) 气动原理

图 0-17　YL-335B 的气源处理组件及其气动原理

思考与练习 1

1. YL-335B 的主要组成结构有哪些? 触摸屏主要起什么作用?

2. YL-335B 自动化生产线的输送单元主要起什么作用?

3. YL-335B 自动化生产线涵盖了哪些核心技术?

学习领域一

自动化生产线基础技术

ZIDONGHUA
SHENGCHANXIAN
JICHU JISHU

位置检测技术

传感器技术与现代通信技术、计算机技术为现代信息技术的三大支柱。计算机相当于人的大脑,通信相当于人的神经,而传感器相当于人的感觉器官。传感器是一种检测装置,能感受到被测量的信息,并能将感受到的信息按一定规律转换成电信号或其他所需形式的信息输出,以满足信息的传输、处理、存储、显示、记录和控制等要求。从定义可以看出:传感器是测量装置,能感受到被测量的变化,完成检测任务;被测量既可以是物理量,也可以是化学量、生物量等;输出信号是某种便于传输、转换、处理、显示的可用信号,如电参量、电信号、光信号、频率信号等,输出信号的形式由传感器的原理确定。

位置检测技术是传感器在检测领域中的典型应用。常见传感器包括磁控式接近开关、光电式接近开关、电感式接近开关、光线传感器等。位置检测技术主要完成被控对象所处位置的检测,或被控对象是否到达指定位置的检测,为控制系统提供传感器所在位置是否存在被控对象的信号信息。

◀ **任务 1   熟悉传感器** ▶

【能力目标】

(1)掌握接近开关的分类、特点及连接。
(2)会选择合适的传感器。

【工作任务】

通过对后面内容的学习,回答以下问题:
(1)传感器由哪几部分组成? 各有什么作用?
(2)传感器通常分成哪几类?
(3)常见接近开关有哪几种类型? 主要技术指标有哪些?

【相关知识】

一、传感器的组成与分类

1. 传感器的组成

传感器一般由敏感元件、转换元件、变换电路和辅助电源 4 部分组成,如图 1-1 所示。

敏感元件直接感受被测量,并输出与被测量有确定关系的物理量信号;转换元件将敏感元件输出的物理量信号转换为电信号;变换电路负责对转换元件输出的电信号进行放大调制。转换元件和变换电路一般需要辅助电源供电。

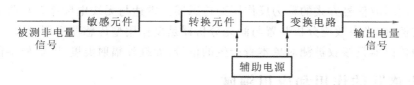

图 1-1　传感器的组成

2. 传感器的分类

传感器的种类非常多,目前尚未形成统一的分类方法,下面介绍几种常见的分类方法。

1）按用途分类

按用途,传感器可分为力敏传感器、位置传感器、液位传感器、能耗传感器、速度传感器、加速度传感器、射线辐射传感器、热敏传感器等。

2）按工作原理分类

按工作原理,传感器可分为振动传感器、湿敏传感器、磁敏传感器、气敏传感器、真空传感器、生物传感器等。

3）按输出信号的性质分类

按输出信号的性质,传感器可分为以下几种:

模拟传感器:将被测量的非电学量转换成模拟电信号。

数字传感器:将被测量的非电学量转换成数字输出信号(包括直接和间接转换)。

膺数字传感器:将被测量的信号量转换成频率信号或短周期信号输出(包括直接或间接转换)。

开关传感器:当一个被测量的信号达到某个特定的阈值时,传感器相应地输出一个设定的低电平或高电平信号。

4）按输入量分类

输入量即为被测对象。按输入量,传感器可分为物理型传感器、化学型传感器和生物型传感器。

物理型传感器是利用被测量物质的某些物理性质发生明显变化的特性制成的。

化学型传感器是利用能把化学物质的成分、浓度等化学量转化成电学量的敏感元件制成的。

生物型传感器是利用各种生物或生物物质的特性做成的,用于检测与识别生物体内化学成分。

5）按构成分类

按构成,传感器可分为基本型传感器、组合型传感器和应用型传感器。

基本型传感器:一种最基本的单个变换装置。

组合型传感器:由不同的单个变换装置组合而成的传感器。

应用型传感器:基本型传感器或组合型传感器与其他机构组合而成的传感器。

6）按作用形式分类

按作用形式,传感器可分为主动型传感器和被动型传感器。

主动型传感器又分为作用型传感器和反作用型传感器。此种传感器能对被测对象发出一定探测信号,能检测到探测信号在被测对象中所产生的变化,或者由探测信号在被测对象中产生某种效应而形成的信号。检测探测信号变化方式的称为作用型传感器,检测探测信号产生响应而形成信号方式的称为反作用型传感器。雷达与无线电频率范围探测器是作用型传感器实例,而光声效应分析装置与激光分析器是反作用型传感器实例。

被动型传感器只接收被测对象本身产生的信号,如红外辐射温度计、红外摄像装置等。

二、传感器的作用和应用领域

1. 传感器的作用

人们从外界获取信息时,必须借助于自己的感觉器官,而单靠人们自身的感觉器官,在研究自然现象和规律以及生产活动时就远远不够了。为适应这种情况,需要使用传感器。传感器是人类五官的延伸,又称之为电五官。如图 1-2 所示,人们把计算机比作人的大脑,传感器比作五官,执行机构比作四肢,这样便制造出了工业机器人。

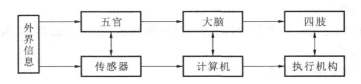

图 1-2 人机对应关系

在现代工业生产尤其是自动化生产过程中,利用各种传感器来监视和控制生产过程中的各个参数,使设备工作在正常状态或最佳状态,并使产品达到最好的质量。因此可以说,若没有众多的优良的传感器,现代化生产也就失去了基础。

2. 传感器的应用领域

随着电子计算机、生产自动化、现代信息、军事、交通、化学、环保、能源、海洋开发、遥感、宇航等科学技术的发展,传感器的需求量与日俱增,其应用已渗入国民经济的各个部门以及人们的日常文化生活之中。可以说,从太空到海洋,从各种复杂的工程系统到人们日常生活的衣食住行,都离不开各种各样的传感器,传感器技术对国民经济的发展起着巨大的作用。

1) 传感器在工业检测和自动控制系统中的应用

在石油、化工、电力、钢铁、机械等加工工业中,传感器在工作岗位上担负着相当于人们感觉器官的作用,它们每时每刻按需要完成对各种信息的检测,把测得的大量信息通过自动控制、计算机处理等进行反馈,用以进行生产过程、质量、工艺管理与安全方面的控制。

在自动控制系统(见图 1-3)中,控制器与传感器有机结合在实现控制的高度自动化方面起到了关键作用。

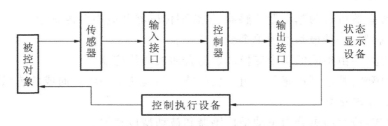

图 1-3 自动控制系统的基本组成

2) 传感器在汽车中的应用

传感器在汽车中的应用已不再局限于对行驶速度、行驶距离、发动机旋转速度以及燃料余量等有关参数的测量。由于汽车交通事故的不断增多和汽车对环境的危害,传感器在一些新的设施,如汽车安全气囊系统、防盗装置、防滑控制系统、防抱死装置、电子变速控制装置、排气循环装置、电子燃料喷射装置及汽车"黑匣子"等中都得到了实际应用。可以预测,随着汽车电子技术和汽车安全技术的发展,传感器在汽车领域中的应用将会更为广泛。

3) 传感器在家用电器中的应用

现代家用电器中普遍应用了传感器。传感器在电子炉灶、自动电饭锅、吸尘器、空调器、电子热水器、热风取暖器、风干器、报警器、电熨斗、电风扇、游戏机、电子驱蚊器、洗衣机、洗碗机、照相机、电冰箱、彩色电视机、录像机、录音机、收音机、电唱机及家庭影院等方面得到了广泛的应用。

目前,家庭自动化的蓝图正在设计之中,未来的家庭将由作为中央控制装置的微型计算机,通过各种传感器代替人监视家庭的各种状态,并通过控制设备进行各种控制。家庭自动化的主要内容包括:安全监视与报警、空调及照明控制、耗能控制、太阳光自动跟踪、家务劳动自动化及人身健康管理等。家庭自动化的实现,可使人们有更多的时间用于学习、教育或休息娱乐。

4) 传感器在机器人上的应用

在劳动强度大或作业危险的场所,机器人已逐步取代人的工作。一些高速、高精度的工作,由机器人来承担是非常合适的。但机器人多数被用来进行加工、组装、检验等工作,属于生产用的自动机械式单能机器人。在这些机器人身上仅采用了检测臂的位置和角度的传感器。要使机器人的功能和人更为接近,以便从事更高级的工作,则要求机器人有判断能力,这就要给机器人安装物体检口传感器,特别是视觉传感器和触觉传感器,机器人通过视觉对物体进行识别和检测,通过触觉对物体产生压觉、力觉、滑动感觉和重量感觉。这类机器人被称为智能机器人,它不仅可以从事特殊的作业,而且可以处理一般的生产工作、事务和家务。

5) 传感器在医疗及人体医学上的应用

随着医用电子学的发展,仅凭医生的经验和感觉进行诊断的时代已结束。现在,医用传感器可以对人体的表面和内部温度、血压及腔内压力、血液及呼吸流量、肿瘤、脉搏及心音、心脑电波等进行高难度的诊断。显然,传感器对促进医疗技术的高速发展起着非常重要的作用。为提高全国人民的健康水平,我国医疗制度的改革,将会把医疗服务对象扩大到全民。以往的医疗工作仅局限于以治疗疾病为中心,今后,医疗工作将在疾病的早期诊断、早期治疗、远距离诊断及人工器官的研制等方面发挥作用,而传感器在这些方面将会得到越来越多的应用。

6) 传感器在环境保护中的应用

目前,环球的大气污染、水质污染及噪声已严重破坏了地球的生态平衡和人们赖以生存的环境,这一现状已引起了世界各国的重视。在保护环境方面,利用传感器制成的各种环境监测仪器正在发挥着积极的作用。

7) 传感器在航空及航天中的应用

在航空及航天的飞行器上广泛地应用了各种各样的传感器。为了解飞机或火箭的飞行轨迹,并把它们控制在预定的轨道上,可使用传感器进行速度、加速度和飞行距离的测量。

要了解飞行器飞行的方向,就必须掌握它的飞行姿态,飞行姿态可以使用红外水平线传感器、陀螺仪、阳光传感器、星光传感器及地磁传感器等进行测量。此外,对飞行器周围的环境、飞行器本身的状态及内部设备的监控也要通过传感器进行。

8) 传感器在遥感技术领域中的应用

所谓遥感技术,是在飞机、人造卫星、宇宙飞船及船舶上对远距离的广大区域进行大规模探测的一门技术。在飞机及航天飞行器上安装的是近紫外线、可见光、远红外线及微波等的传感器。在船舶上向水下观测时,多采用超声波传感器。例如,要探测一些矿产资源的位置时,就可以利用人造卫星上的红外接收传感器对地面发出的红外线的量进行测量,然后由人造卫星通过微波将测量信息发送到地面站,经地面站计算机处理,便可根据红外线分布的差异判断出埋有矿产资源的地区。

遥感技术目前已在农林业、土地利用、海洋资源、矿产资源、水利资源、地质、气象、军事及公害等领域得到了应用。

【实践指导】

一、接近开关

接近开关又称无触点行程开关,它是一种无须与运动部件进行直接机械接触就可以操作的位置开关,当物体接近开关的感应面时,不需要机械接触或施加任何压力即可使开关动作,从而驱动直流电器或给控制装置提供检测信号。

1. 接近开关的种类

位移传感器可以根据不同的原理和不同的方法制成,而不同的位移传感器对物体的"感知"方法也不同,常见的接近开关有以下几种。

1) 无源接近开关

这种开关不需要电源,通过磁力感应控制自身的闭合状态。当磁性材料或者铁质触发器靠近开关磁场时,开关内部产生的磁力作用使开关闭合。特点:不需要电源,非接触式,免维护,环保。

2) 涡流式接近开关

这种开关有时也叫电感式接近开关。它的动作原理:导电物体在接近这个能产生电磁场的开关时,物体内部产生涡流,这个涡流反作用到开关,使开关内部电路参数发生变化,由此识别出有无导电物体接近开关,进而控制开关的通断。这种接近开关所能检测的物体必须是导电体。

3) 电容式接近开关

这种开关的测量头通常是构成电容器的一个极板,而电容器的另一个极板是开关的外壳。这个外壳在测量过程中通常接地或与设备的机壳相连接。当有物体移向接近开关时,不论物体是否为导体,都会使电容的介电常数发生变化,从而使电容量发生变化,使得和测量头相连的电路的状态也随之发生变化,由此控制开关的接通或断开。这种接近开关的检测对象不限于导体,可以是绝缘的液体或粉状物等。

4) 霍尔接近开关

霍尔元件是一种磁敏元件。利用霍尔元件做成的接近开关叫作霍尔接近开关。当磁性物体移近霍尔接近开关时,开关检测面上的霍尔元件因产生霍尔效应而使开关内部电路状态发生变化,由此识别开关附近有无磁性物体存在,进而控制开关的通断。这种接近开关的检测对象必须是磁性物体。

5) 光电式接近开关

利用光电效应做成的接近开关叫光电式接近开关。将发光器件与光电器件按一定方向装在同一个检测头内,当有反光面(被检测物体)接近时,光电器件接收到反射光后便有信号输出,由此便可"感知"到有物体接近。

6) 其他接近开关

当观察者或系统与波源的距离发生改变时,接收到的波的频率会发生偏移,这种现象称为多普勒效应。声纳和雷达就是利用这个效应的原理制成的。利用多普勒效应可制成超声波接近开关、微波接近开关等。当有物体移近时,接近开关接收到的反射信号会发生多普勒频移,由此可以识别出有无物体接近。

2. 接近开关的主要功能

接近开关应用非常广泛,其主要功能如下。

1) 检验距离

检测电梯、升降设备的停止、启动、通过位置,检测车辆的位置,检测工作机械的设定位置、移动机器或部件的极限位置,检测回转体的停止位置、阀门的开或关。

2) 尺寸控制

控制金属板冲剪的尺寸,自动选择、鉴别金属件长度,检测自动装卸时的堆物高度,检测物体的长、宽、高和体积。

3) 检测物体是否存在

检测生产包装线上有无产品包装箱,检测有无产品零件。

4) 转速与速度控制

控制传送带的速度,控制旋转机械的转速,与各种脉冲发生器一起控制转速和转数。

5) 计数及控制

检测生产线上流过的产品数,计量高速旋转轴或盘的转数,零部件计数。

6) 检测异常

检测有无瓶盖,产品合格与不合格的判断,检测包装盒内有无金属制品,区分金属与非金属零件,检测产品有无标牌,起重机危险区报警,安全扶梯自动启停。

7) 计量控制

产品或零件的自动计量;检测计量器、仪表的指针范围,从而控制数或流量;检测浮标,从而控制测面高度、流量;检测不锈钢桶中的铁浮标;仪表量程上限或下限的控制;流量控制,水平面控制。

8) 识别对象

根据载体上的码识别是与非。

二、接近开关的型号及主要技术指标

1. 接近开关的型号

常见的接近开关型号有 NPN 型和 PNP 型(见图 1-4),两者的区别:如果是负信号输入,则直接用 NPN 型号的接近开关;如果是正信号输入,则直接用 PNP 型号的接近开关。接近开关的型号及含义如表 1-1 所示。

图 1-4　NPN 型和 PNP 型接近开关

表 1-1　接近开关的型号及含义

型号类别	型号参数含义
开关种类	无标记/Z:电感式/电感式自诊断 C/CZ:电容式/电容式自诊断 N:NAMUR 安全开关 X:模拟式 F:霍尔式 V:舌簧式
外形代号	J:螺纹圆柱形 B:圆柱形 Q:角柱形 L:方形 P:扁平形 E:矮圆柱形 U:槽形 G:组合形 T:特殊形
安装方式	无标记:非埋入式(非齐平安装式) M:埋入式(齐平安装式)
电源电压	A:交流 20～250 V D:直流 10～30 V(模拟量:15～30 V) DB:直流 10～65 V W:交直流 20～250 V X:特殊电压
检测距离	0.8～120 mm(以开关的感应距离为准)

续表

型 号 类 别	型号参数含义
输出状态	H：二线常闭 C：二线开闭可选 SK：交流三线常开 SH：交流三线常闭 ST：交流三线开＋闭 NK：三线 NPN 常开 NH：三线 NPN 常闭 NC：三线 NPN 开闭可选 PK：三线 PNP 常开 PH：三线 PNP 常闭 PC：三线 PNP 开闭可选 Z：三线 NPN、PNP 开闭全能转换 GT：注①交流四线开＋闭 HT：注②交流四线开＋闭 NT：四线 NPN 开＋闭 PT：四线 PNP 开＋闭 J：五线继电器输出 X：特殊形式
连接方式	无标记：1.5 m 引线 A22：22 m 引线（A3 为 3 m），以此类推 B：内接线端子 C2CX16：二芯航插（C5 为五芯），以此类推 F：塑料螺纹四芯插 G：金属螺纹四芯插 Q：塑料四芯插 LM8：三芯插 RS3：多功能插 E：特殊接插件
感应面方向	无标记：对端 Y：左端 W：右端 S：上端

2. 接近开关的主要技术指标

接近开关的主要参数除了工作电压、输出电流或控制功率以外，还有如下几个主要技术指标。

1）动作距离

不同类型的接近开关的动作距离的定义不同。大多数接近开关以开关刚好动作时感应头与检测体之间的距离为动作距离。接近开关产品说明书中规定的是动作距离的标称值。在常温和额定电压下，开关的实际动作距离不应小于其标称值，但也不应大于标称值的 120%。

2）重复精度

电路的不稳定度以及零件加工精度不高等机械因素，使检测物体每次接近感应头驱使开关动作的位置或行程有分散性。在常温和额定电压下连续进行10次试验,取其中最大或最小值与10次试验的平均值之差为开关的重复精度。

3)操作频率

操作频率与接近开关信号发生机构的原理和输出元件的种类有关。若采用无触点输出形式的接近开关,其操作频率主要决定于信号发生机构及电路中的其他储能元件;若采用有触点输出形式,则主要决定于所用继电器的操作频率。

4)复位行程

开关从"动作"位置到"复位"位置的距离称为复位行程。

5)回环宽度

在接近开关电路中,执行元件的继电特性即动作值和释放值之差、电子元器件导通与截止的微小差别,造成振荡器起振工作点与停振工作点的不一致,也就造成金属片运行中使振荡器停振的位置和使振荡器恢复的位置不一样,这种位置线坐标之差称为回环宽度。

◀ 任务2 YL-335B 自动化生产线上接近开关的使用 ▶

【能力目标】

(1)掌握常见接近开关的功能与使用。
(2)掌握常见接近开关的安装与接线。

【工作任务】

通过对后面实践指导内容的学习以及查阅相关资料,完成以下工作任务:
(1)根据实际检测需要选择合适的接近开关。
(2)结合被检测对象,完成接近开关的安装与接线。
(3)通过控制装置,验证接近开关的选择是否正确。

【资讯 & 计划】

认真学习本次任务中的实践指导内容,查阅相关参考资料,完成以下任务,并列出完成工作任务的计划。
(1)了解自动化生产线上常见接近开关的类型、原理、功能和特点。
(2)掌握自动化生产线上常见接近开关的安装与接线。

【实践指导】

YL-335B 各工作单元所使用的传感器都是接近传感器,接近传感器利用传感器对所接近的物体具有敏感特性来识别物体接近与否,并输出相应开关信号,因此,接近传感器通常也称为接近开关。表1-2给出了 YL-335B 中用到的传感器和接近开关。

表 1-2 YL-335B 中用到的传感器和接近开关

名 称	外 形	主要功能	电气符号
磁控式接近开关		主要用于自动化生产线各工作单元中气缸位置的检测	
电感式接近开关		主要用于自动化生产线装配单元和分拣单元中金属材料的检测	
光电式接近开关		主要用于自动化生产线各工作单元中物料有无的检测	
光纤式接近开关		主要用于自动化生产线分拣单元中区分物料颜色	
光电式旋转编码器		主要用于自动化生产线分拣单元中传送带位置控制电动机脉冲输出的检测	

一、磁控式接近开关

这里提到的磁控式接近开关是指 YL-335B 所使用的磁性开关,主要用来检测气缸活塞的位置。磁控式接近开关实物和电气符号如图 1-5 所示。气缸的缸筒采用导磁性弱、隔磁性强的材料,如硬铝、不锈钢等。在非磁性体的活塞上安装一个永久磁铁的磁环,这样就产生了一个能反映气缸活塞位置的磁场,而安装在气缸外侧的磁性开关则可用来检测气缸活塞位置,即检测活塞的运动行程。

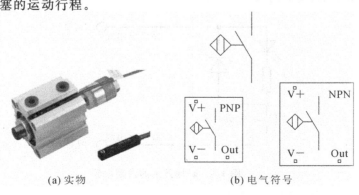

(a) 实物 (b) 电气符号

图 1-5 磁控式接近开关实物和电气符号

有触点式磁性开关用舌簧开关作磁场检测元件。舌簧开关成型于合成树脂块内,并且一般将动作指示灯、过电压保护电路也塑封在合成树脂块内,如图1-6所示。

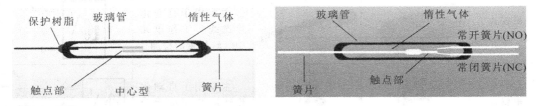

图1-6 有触点式磁性开关

图1-7所示是带磁性开关气缸的工作原理图。当气缸中随活塞移动的磁环靠近开关时,舌簧开关的两根簧片被磁化而相互吸引,触点闭合;当磁环离开开关后,簧片失磁,触点断开。触点闭合或断开时发出电控信号,在PLC的自动控制中,可以利用该信号判断推料气缸及顶料气缸的运动状态或所处位置,以确定工件是否被推出或气缸是否返回。

磁性开关的安装位置可以调整,调整方法是松开磁性开关的紧定螺栓,让磁性开关顺着气缸滑动,到达指定位置后,再旋紧紧定螺栓。

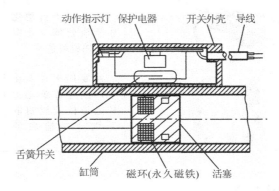

图1-7 带磁性开关气缸的工作原理图

在磁性开关上设置的LED用于显示其信号状态,供调试时使用。磁性开关动作时,输出信号"1",LED亮;磁性开关不动作时,输出信号"0",LED不亮。

磁性开关有蓝色和棕色两根引出线,使用时蓝色引出线作为信号输入,应连接到PLC的输入端上,棕色引出线为电源信号,应连接到24 V开关电源的输出端。磁性开关的内部电路如图1-8所示(虚线框内)。

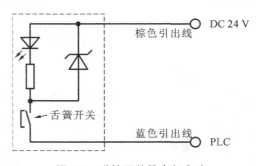

图1-8 磁性开关的内部电路

二、电感式接近开关

电感式接近开关是利用电涡流效应制造的传感器。电涡流效应是指,当金属物体处于一个交变的磁场中时,在金属内部会产生交变的电涡流,该电涡流又会反作用于产生它的磁场这样一种物理效应。如果这个交变的磁场是由一个电感线圈产生的,则这个电感线圈中的电流就会发生变化,用于平衡电涡流产生的磁场。

利用这一原理,以高频振荡器(LC 振荡器)中的电感线圈作为检测元件,当被测金属物体接近电感线圈时产生电涡流效应,引起振荡器振幅或频率的变化,由传感器的信号调理电路(包括检波、放大、整形、输出等电路)将该变化转换成开关量输出,从而达到检测目的。电感式接近开关的工作原理框图如图 1-9 所示。供料单元中,为了检测待加工工件是否为金属材料,在供料管底座侧面安装了一个电感式传感器,如图 1-10 所示。

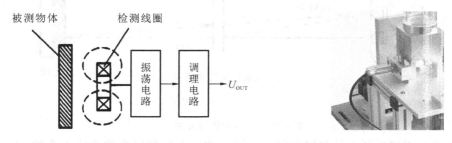

图 1-9 电感式接近开关的工作原理框图　　　　图 1-10 供料单元中的电感式传感器

在电感式接近开关的选用和安装中,必须认真考虑检测距离、设定距离,保证生产线上的传感器可靠动作。电感式接近开关的安装距离说明如图 1-11 所示。

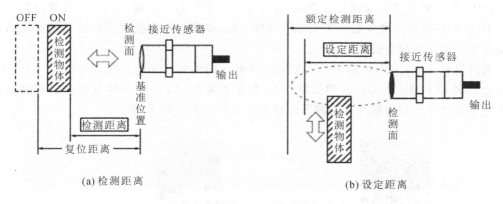

(a) 检测距离　　　　　　　　　　　(b) 设定距离

图 1-11 电感式接近开关的安装距离说明

三、光电式接近开关

光电传感器是利用光的各种性质,检测物体的有无和表面状态的变化的传感器。其中输出形式为开关量的传感器为光电式接近开关。

光电式接近开关主要由光发射器和光接收器构成。如果光发射器发射的光线因检测物体不同而被遮掩或反射,到达光接收器的光线量将会发生变化。光接收器的敏感元件将检测出这种变化,并将变化信号转换为电气信号,进行输出。光线大多使用可视光(主要为红色,也用绿色、蓝色)和红外光。

按照光接收器接收光的方式的不同,光电式接近开关可分为对射式、反射式和漫射式 3 种,如图 1-12 所示。YL-335B 中使用的是漫射式光电开关,下面主要介绍该种光电式接近开关的原理与使用。

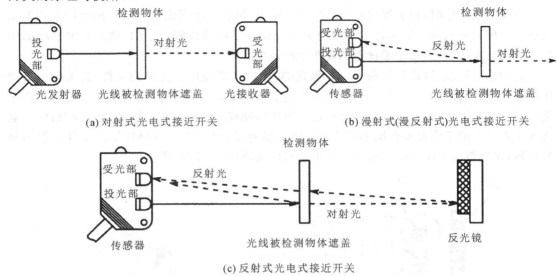

(a) 对射式光电式接近开关   (b) 漫射式(漫反射式)光电式接近开关

(c) 反射式光电式接近开关

图 1-12 光电式接近开关

漫射式光电式接近开关是利用光照射到被测物体上反射回来的光线工作的,由于物体反射的光为漫射光,故称为漫射式光电式接近开关。它的光发射器与光接收器处于同一侧位置,且为一体化结构。在工作时,光发射器始终发射检测光,若接近开关前方一定距离内没有物体,则没有光被反射到光接收器,接近开关处于常态而不动作;反之,若接近开关前方一定距离内有物体,只要反射回来的光的强度足够,则光接收器接收到足够的漫射光后就会使接近开关动作而改变输出的状态。

在供料单元中,用来检测工件不足或工件有无的漫射式光电式接近开关选用 OMRON 公司的 E3Z-L61 型放大器内置型光电开关(细小光束型,NPN 型晶体管集电极开路输出)。该光电开关的外形和顶端面上的调节旋钮和显示灯如图 1-13 所示。

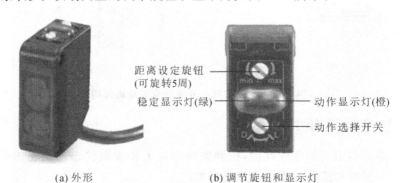

(a) 外形   (b) 调节旋钮和显示灯

图 1-13 E3Z-L61 光电开关的外形和调节旋钮、显示灯

图 1-13 中,动作选择开关的功能是选择受光动作(L)或遮光动作(D)模式。即当此开关按顺时针方向充分旋转(L 侧)时,则进入检测-ON 模式;当此开关按逆时针方向充分旋转(D 侧)时,则进入检测-OFF 模式。

E3Z-L61 光电开关的电路原理图如图 1-14 所示。其中,棕色线接直流电源 24 V,黑色线接 PLC 信号输入端,蓝色线接直流电源 0 V。

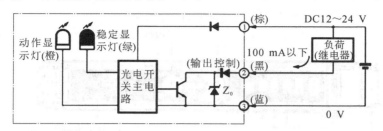

图 1-14 E3Z-L61 光电开关的电路原理图

距离设定旋钮是 5 周回转调节器,调整距离时注意逐步轻微旋转调节器,否则调节器会空转。调整的方法:首先按逆时针方向将距离设定旋钮充分旋到最小检测距离(E3Z-L61 约为 20 mm),然后根据要求距离放置检测物体,按顺时针方向逐步旋转距离设定旋钮,找到传感器进入检测条件的点;拉开检测物体距离,按顺时针方向进一步旋转距离设定旋钮,使传感器再次进入检测状态,一旦进入,逆时针旋转距离设定旋钮,直至找到传感器回到非检测状态的点。两点之间的中点为稳定检测物体的最佳位置。

用来检测物料台上有无物料的光电开关是一个圆柱形漫射式光电式接近开关,工作时该开关向上发出光线,从而透过小孔检测是否有工件存在。该光电开关一般选用 SICK 公司 MHT15-N2317 型,其外形如图 1-15 所示。

图 1-15 MHT15-N2317 光电开关的外形

四、光纤式接近开关

光纤传感器由光纤检测头、光纤放大器两部分组成。光纤放大器和光纤检测头是分离的两个部分,光纤检测头的尾端部分分成两条光纤,使用时分别插入光纤放大器的两个光纤孔中。光纤传感器组件如图 1-16 所示。

光纤式接近开关的放大器的灵敏度调节范围较大。当光纤传感器的灵敏度调得较小时,对于反射性较差的黑色物体,光电探测器无法接收到反射信号;而对于反射性较好的白色物体,光电探测器就可以接收到反射信号。反之,若调高光纤传感器的灵敏度,则即使是对反射性较差的黑色物体,光电探测器也可以接收到反射信号。

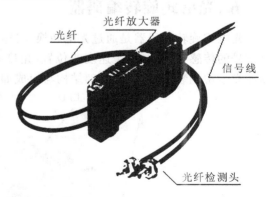

图 1-16 光纤传感器组件

图 1-17 给出了光纤传感器放大器单元的俯视图,调节其中部的"旋转灵敏度高速旋

钮",就能进行放大器灵敏度调节(顺时针旋转,灵敏度增大)。调节时,会看到"入光量显示灯"发光的变化。当探测器检测到物料时,"动作显示灯"会亮,提示检测到物料。

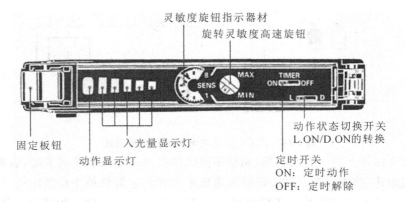

图 1-17　光纤传感器放大器单元的俯视图

E3Z-NA11 型光纤传感器的电路框图如图 1-18 所示,接线时须注意根据导线颜色判断电源极性和信号输出线,切勿把信号输出线直接连接到电源＋24 V 端。其接线方式与光电式接近开关的相同。

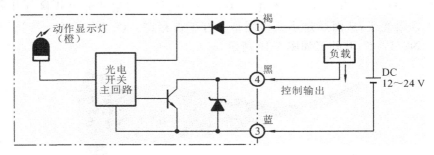

图 1-18　E3Z-NA11 型光纤传感器的电路框图

五、光电式旋转编码器

光电式旋转编码器是通过光电转换,将输出至轴上的机械、几何位移量转换成脉冲或数字信号的传感器,主要用于速度或位置(角度)的检测。典型的光电式旋转编码器是由光栅盘和光电检测装置组成的,内部结构与组成如图 1-19 所示。

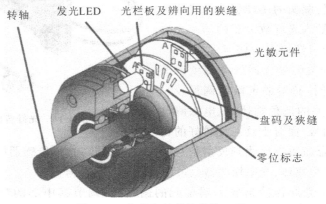

图 1-19　套装和轴装旋转编码器

光栅盘是在一定直径的圆板上等分地开通若干条长方形狭缝。由于光电码盘与电动机同轴,故电动机旋转时,光栅盘与电动机同速旋转,经发光二极管等电子元件组成的检测装置检测输出若干脉冲信号,其原理示意图如图 1-20 所示。通过旋转编码器每秒输出脉冲的个数就能计算当前电动机的转速。

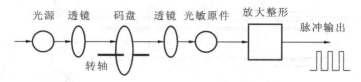

图 1-20　旋转编码器原理示意图

一般来说,根据旋转编码器产生脉冲的方式的不同,可以将其分为增量式、绝对式以及复合式三大类。自动化生产线上常采用的是增量式旋转编码器。

增量式旋转编码器直接利用光电转换原理输出三组方波脉冲 A、B 和 C 相,如图 1-21 所示。A、B 两组脉冲相位差 90°,用于辨向:当 A 相脉冲超前 B 相时为正转方向,而当 B 相脉冲超前 A 相时则为反转方向。C 相为每转一个脉冲,用于基准点定位。

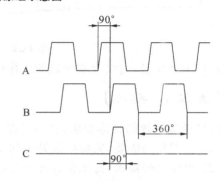

图 1-21　增量式旋转编码器输出的三组方波脉冲

YL-335B 的分拣单元使用了具有 A、B 两相脉冲的通用型旋转编码器,用于计算工件在传送带上的位置。编码器直接连接到传送带主动轴上。该旋转编码器的三相脉冲采用 NPN 型集电极开路输出,分辨率 500 线,工作电源 DC 12～24 V。分拣单元没有使用 Z 相脉冲,A、B 两相脉冲输出端直接连接到 PLC(S7-224XP AC/DC/RLY 主单元)的高速计数器输入端。

计算工件在传送带上的位置时,需确定每两个脉冲之间的距离即脉冲当量。分拣单元主动轴的直径为 $d=43$ mm,则减速电动机每旋转一周,工件在皮带上的移动距离 $L=\pi\cdot d\approx3.14\times43$ mm≈135.02 mm,故脉冲当量 $\mu=L/500\approx0.270$ mm。

按图 1-22 所示的安装尺寸,当工件从下料口中心线开始移动时:

移至传感器中心时,旋转编码器约发出 450 个脉冲;

移至第一个推杆中心点时,旋转编码器约发出 625 个脉冲;

移至第二个推杆中心点时,旋转编码器约发出 1 000 个脉冲;

移至第三个推杆中心点时,旋转编码器约发出 1 350 个脉冲。

应该指出的是,上述脉冲当量的计算只是理论上的。实际上各种误差因素,例如传送带主动轴直径(包括皮带厚度)的测量误差,传送带的安装偏差、张紧度误差,分拣单元整体在工作台面上的定位偏差等,都将影响脉冲当量的理论计算值。因此理论计算值只能作为估算值。脉冲当量的误差所引起的累积误差会随着工件在传送带上运动距离的增大而迅速增大,甚至达到不可忽视的地步。因而在安装调试分拣单元时,除了要仔细调整,尽量减少安装偏差外,尚须现场测试脉冲当量值。

现场测试脉冲当量的方法,以及如何对输入到 PLC 的脉冲进行高速计数,以计算工件

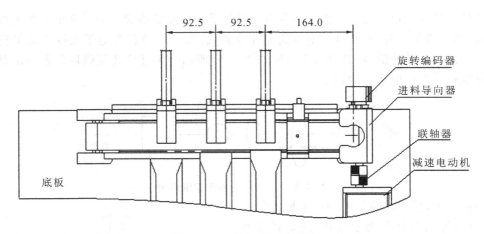

92.5　92.5　164.0

旋转编码器
进料导向器
联轴器
减速电动机
底板

图 1-22　工件位置计算用图

在传送带上的位置,将结合本项目的工作任务,在 PLC 编程思路中进行介绍。

【决策 & 实施】

根据信号检测系统的具体要求,自主完成以下工作任务:

(1) 根据检测需要,完成接近开关的安装和线路连接。

(2) 根据信号需求,完成接近开关参数的设定和调节。

(3) 通过控制装置,完成接近开关信号的采集与验证。

【实践指导】

一、接近开关的安装方法

在 YL-335B 自动化生产线中,传感器为信号的采集端,其安装的过程是至关重要的,安装的质量将直接影响信号采集的效果。这里简单介绍磁控式接近开关、光纤式接近开关和旋转编码器的安装方法。

1. 磁控式接近开关的安装方法

磁控式接近开关用于检测气缸运行的位置,不需要在气缸行程两端设置机控阀(或行程开关)及其安装架。常见的有以下几种安装方法:

1) 用钢带或螺钉固定

图 1-23(a)所示是通过螺钉将磁控式接近开关锁紧在正确位置上。

图 1-23(b)所示是在安装用的钢带沟槽的轭架上旋动安装螺钉,则磁控式接近开关就被固定在钢筒上。此固定方法安全,但紧固力不能过大,以防止拉长钢带而不能固定磁控式接近开关,甚至拉断钢带。钢带安装时不要倾斜,否则会受冲击,返回至正常位置时会松动。

2) 固定在导轨上

磁控式接近开关壳体上有一带孔的夹片,导轨中有一可滑动的安装螺母,将安装螺钉穿过夹片孔,旋入安装螺母并拧紧,则磁控式接近开关便被紧固在导轨上。这种安装方法通常用于中小型气缸及带安装平面的气缸。

2. 光纤式接近开关的安装方法

光纤式接近开关主要由实现信号检测的光纤头和完成信号处理的光纤放大器两部分组

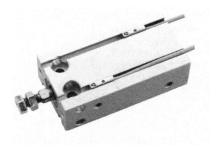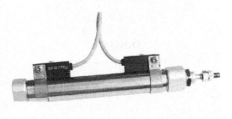

(a)用螺钉紧固磁控式接近开关   (b)用钢带固定磁控式接近开关

图 1-23 磁控式接近开关的安装方法

成,下面简述每个部分的安装与拆卸过程。

1）放大器入出导轨的方法

放大器的安装过程如图 1-24(a)所示:首先将前面的①嵌入安装配件或 DIN 导轨,然后将后面的②压入安装配件或 DIN 导轨。其中值得注意的是,不能将前后两部分的安装顺序弄错,否则会降低安装使用强度。

放大器的拆卸过程如图 1-24(b)所示:首先将放大器单元向③的方向压入,然后将光纤插入处向④的方向抬起,之后就可以用螺丝刀完成拆卸。

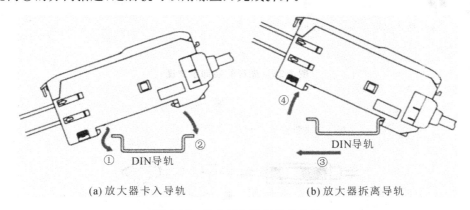

(a)放大器卡入导轨   (b)放大器拆离导轨

图 1-24 放大器入出导轨的方法

2）光纤式接近开关的安装步骤

(1)安装光纤放大器。

① 按图 1-25 将放大器安装到 DIN 导轨上。

② 拆卸放大器单元时,以相反的过程进行。注意,在连接了光纤的状态下,不要从 DIN 导轨上拆卸。

(2)安装光纤。

进行光纤的安装和拆卸时,注意一定要切断电源,然后按下面方法进行装卸,如图 1-26 所示。

①安装光纤:抬高保护罩,提起固定按钮,将光纤顺着放大器单元侧面的插入位置记号插入,然后放下固定按钮。

②拆卸光纤:抬起保护罩,提升固定按钮,然后将光纤取下来。

光纤头会因为振动而损坏,图 1-27 所示的光纤的捆扎方法可以减弱光纤头的振动。

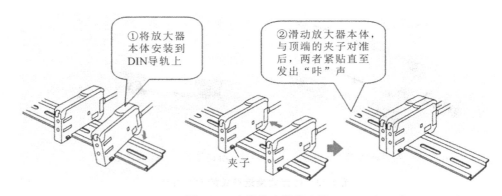

图 1-25　光纤放大器的安装

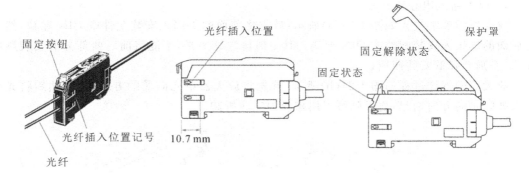

图 1-26　光纤的装卸示意图

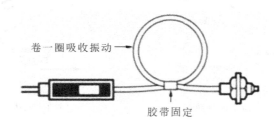

图 1-27　光纤的捆扎方法

（3）安装光纤头。

光纤头通常分为螺钉固定型和圆柱型两类，不同类型有不同的安装方法：螺钉固定型光纤头需要用固定螺母与带齿轮的垫片将其固定在固定板上，如图 1-28（a）所示；而圆柱型光纤头需要用固定螺丝将光纤头夹紧，如图 1-28（b）所示。

3．旋转编码器的安装方法

旋转编码器主要分成套装和轴装两类，如图 1-29 所示，安装方法根据类型而定。轴装旋转编码器的安装方法相对简单，套装旋转编码器的安装较为复杂，这里仅简单介绍轴装旋转编码器的机械安装方法，具体如下。

（1）联轴器和电动机轴连接，形成一个柔性连接。

联轴器如果采用顶丝固定，则要求顶丝必须顶在键槽或顶丝眼内，确保旋转编码器不会因为滑动而产生错误。

（2）旋转编码器端的顶丝必须顶在键槽内。

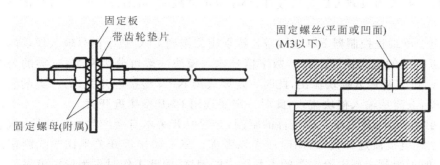

图 1-28 光纤头的安装方法

（3）旋转编码器的轴和电动机轴应该有很好的同心度,最大径向位移误差为±1.5 mm,最大轴向位移误差为±1.5 mm,最大角度误差为±5°,联轴器安装好后不应该有挤压、弯曲现象,电动机旋转时不应有凸轮现象。

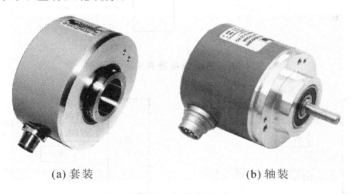

图 1-29 旋转编码器

二、接近开关的接线方法

在 YL-335B 自动化生产线中,普遍应用了电感式接近开关、光电式接近开关和磁控式接近开关等。接近开关通常分为两线制和三线制,两线制接近开关的工作电压分为 AC（交流）和 DC（直流）电源,三线制接近开关又分为 NPN 型和 PNP 型。两线制接近开关和三线制接近开关的接线方式是不同的。市场上也存在四线制接近开关,这是为了减少库存和成本,四线制是在三线制基础上实现了常开（NO）和常闭（NC）双信号端。

不同线制接近开关的接线方法如图 1-30 至图 1-32 所示。

（1）两线制接近开关的接线方式比较简单,接近开关与负载串联后接到电源即可,DC 电源设备需要区分红（棕）线接电源正极（＋）、蓝（黑）线接电源 0 V 端（负极）,AC 电源设备则不需要区分。

（2）三线制或四线制接近开关的接线方法:棕色线（BN）接电源正极（＋）；蓝色线（BU）接电源 0 V 端（负极）；黑色线（BK）或者白色线（WH）为信号端,应连接负载。

（3）三线制或四线制接近开关的负载接线:负载一端连接接近开关信号端,对于 NPN 型接近开关,负载的另一端应接到电源正极（＋）；对于 PNP 型接近开关,负载的另一端则应连接到电源 0 V 端（负极）。

（4）接近开关的负载可以是信号灯、小型继电器线圈、可编程控制器 PLC 的数字信号输入模块。

（5）用于可编程控制器 PLC 时,需要特别注意接到 PLC 数字信号输入模块的三线制或四线制接近开关的型式选择。PLC 数字信号输入模块一般可分为两类:一类的公共输入端为电源 0 V,电流从输入模块流出,此时一定要选用 NPN 型接近开关;另一类的公共输入端为电源正端,电流从输入模块流入,此时一定要选用 PNP 型接近开关。

（6）两线制接近开关受工作条件的限制,导通时开关本身会产生一定压降,截止时又有一定的剩余漏电流流过开关,选用时应予以考虑。三线制接近开关虽比两线制接近开关多了一根线,但不受剩余漏电流之类的不利因素的困扰,因此工作时更为稳定可靠。

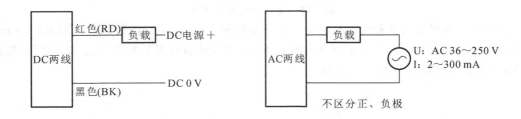

图 1-30　两线制接近开关的接线图

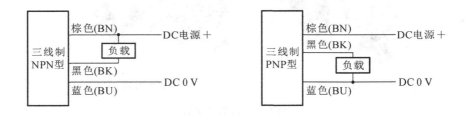

图 1-31　三线制接近开关的接线图

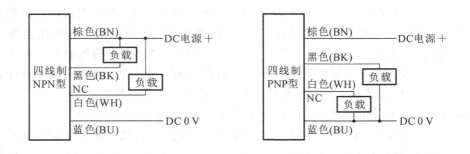

图 1-32　四线制接近开关的接线图

【检查 & 评价】

根据工作任务要求,参照表 1-3,检查每一个工作任务的完成情况,对于存在的问题或故障,查阅设备使用说明资料,分析故障原因并进行故障排除。

表 1-3　工作任务完成情况统计分析表 1

学 习 对 象	工作任务内容	是否完成/掌握	存在的问题及其分析与解决方法
磁控式 接近开关	工作原理与功能	是/否	
	安装、接线与调试	是/否	
光电式 接近开关	类型、工作原理与功能	是/否	
	安装、接线与调试	是/否	
电感器 接近开关	工作原理与功能	是/否	
	安装、接线与调试	是/否	
光纤式 接近开关	工作原理与功能	是/否	
	安装、接线与调试	是/否	
光电式 旋转编码器	分类、工作原理与功能	是/否	
	安装、接线与调试	是/否	

人机界面技术

交互是人与机器作用关系的一种描述,界面是人与机器发生交互关系的具体表达形式;交互是实现信息传达的情境刻画,而界面是实现交互的手段。在交互设计子系统中,交互是内容,界面是形式;然而在大的产品设计系统中,交互与界面都只是解决人机关系的一种手段,不是最终目的,系统的最终目的是解决和满足人的需求。

实现人机交互的重要技术是人机界面技术。人机界面技术是在人机界面产品的基础上,通过对应的组态软件,按任务要求和技术需要,规划设计一套美观、实用、满足需求、交互友好的人机界面的一种技术。人机界面技术在自动化生产线中的应用越来越广泛,为人机交互提供了便利。

◀ 任务 1 熟悉人机界面技术 ▶

【能力目标】

(1) 了解人机界面的含义、功能及特点。
(2) 了解触摸屏、组态软件的类型和特点。
(3) 掌握人机界面设计的原则和步骤。

【工作任务】

通过对任务内容的学习,回答以下问题:
(1) 常见的触摸屏和组态软件有哪些?
(2) 触摸屏主要起什么作用?
(3) 如何选择触摸屏和组态软件?

【相关知识】

一、了解人机界面

人机界面(human machine interface,简称 HMI),又称为用户界面或使用者界面,是人与计算机之间传递信息、交换信息的媒介和对话接口,是计算机系统的重要组成部分,它实现信息的内部形式与人类可以接受形式之间的转换。凡涉及人机信息交流的领域都存在着人机界面。人机界面大量运用在工业与商业中,简单地分为"输入"(input)与"输出"(output)两种:输入指的是由人来进行机械或设备的操作,如把手、开关、门、指令(命令)的下达、保养维护等;而输出指的是由机械或设备发出来的通知,如故障、警告、操作说明及提示等。人机界面示例如图 2-1 所示。

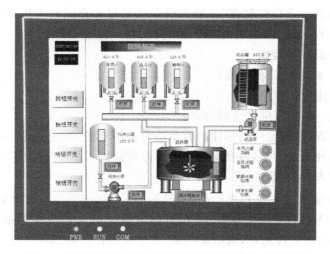

图 2-1　某饮料加工自动化生产线控制系统的人机界面

人机界面的基本功能:设备工作状态显示,如指示灯、按钮、文字、图形、曲线等;控制指令的输入,如数据、文字等;打印输出,如生产配方存储、设备生产数据记录等;简单的逻辑运算和数值运算以及连接多种工业控制设备组网等。

例如,在某座工厂里,系统需要搜集工厂各个区域的温度、湿度以及工厂中机器的运行状态等信息,通过一台主控器监视并记录相关参数,并在一些意外状况发生的时候及时加以处理,这便是一个很典型的 TPC/HMI 的运用案例。一般而言,此案例中的 HMI 系统必须具有以下几项基本功能:

(1) 实时资料趋势显示——把获取的资料立即显示在屏幕上;

(2) 自动记录资料——自动将资料储存至数据库中,以便日后查看;

(3) 历史资料趋势显示——把数据库中的资料作可视化的呈现;

(4) 报表的产生与打印——把资料转换成报表的格式,并打印出来;

(5) 图形接口控制——使用者能够通过图形接口直接控制机台等装置;

(6) 警报的产生与记录——使用者可以定义一些警报产生的条件,比如定义系统在温度过高或压力超过临界值这样的条件下产生警报,通知作业员处理。

二、了解人机界面产品

1. 人机界面产品的含义

连接可编程控制器(PLC)、变频器、直流调速器、仪表等工业控制设备,利用显示屏显示信息,通过输入单元(如触摸屏、键盘、鼠标等)写入工作参数或输入操作命令,实现人与机器之间信息交互的数字设备,称为人机界面产品。

2. 人机界面产品的组成及工作原理

人机界面产品由硬件和软件两部分组成,硬件部分包括处理器、显示单元、输入单元、通信接口、数据存储单元等,其中处理器的性能决定了人机界面产品的性能水平,是人机界面的核心单元。根据人机界面产品的不同等级,可分别选用 8 位、16 位、32 位的处理器。人机界面产品的软件一般分为两部分,即运行于人机界面产品硬件中的系统软件和运行于计算机 Windows 操作系统中的画面组态软件(如 JB-HMI 画面组态软件)。使用者必须先使用人机界面产品的画面组态软件制作"工程文件",再通过计算机和人机界面产品的串行通信口,把制作好的"工程文件"下载到人机界面产品的处理器中运行。

3. 人机界面产品的选型指标

(1) 显示屏尺寸及色彩、分辨率;

(2) 处理器的速度与性能;

(3) 输入方式——触摸屏或薄膜键盘;

(4) 画面存储容量,注意厂商标注的容量单位是字节(byte)还是位(bit);

(5) 通信口的种类及数量,以及是否支持打印功能。

4. 人机界面产品的分类

采用薄膜键盘输入的人机界面产品,其显示屏尺寸小于 $5.7'$,画面组态软件免费,属初级产品,如 POP-HMI 小型人机界面;采用触摸屏输入的人机界面产品,其显示屏尺寸为 $5.7'\sim12.1'$,画面组态软件免费,属中级产品;基于平板计算机、多种通信口的高性能人机界面产品,其显示屏尺寸大于 $10.4'$,画面组态软件收费,属高端产品。

5. 人机界面产品的使用方法

(1) 明确监控任务要求,选择适合的人机界面产品;

(2) 在计算机上用画面组态软件编辑"工程文件";

(3) 测试并保存已编辑好的"工程文件";

(4) 计算机连接人机界面产品硬件,下载"工程文件"到人机界面产品中;

(5) 连接人机界面产品和工业控制器(如 PLC、仪表等),实现人机交互。

【实践指导】

一、人机界面设计的基本原则

1. 以用户为中心的基本设计原则

在系统的设计过程中,设计人员要抓住用户的特征,发现用户的需求。在整个系统开发过程中,要不断征求用户的意见。系统的设计决策要结合用户的工作和应用环境,必须理解用户对系统的要求。最好的方法就是让真实的用户参与系统开发,这样开发人员就能正确地了解用户的需求和目标,系统就会更加成功。

2. 顺序原则

按照处理事件顺序、访问查看顺序(如由整体到单项、由大到小、由上层到下层等)与控制工艺流程等设计监控管理子系统和人机对话主界面及其二级界面。

3. 功能原则

按照用户应用环境及具体场合使用功能要求、各种子系统控制类型、不同管理对象的同一界面并行处理要求和多项对话交互的同时性要求等,设计分功能区分多级菜单、分层提示信息和多项对话栏并举的人机界面,从而使用户易于分辨和掌握界面的使用规律和特点,提高界面的友好性和易操作性。

4. 一致性原则

一致性原则包括色彩的一致、操作区域的一致、文字的一致。一方面,界面的颜色、形状、字体与国家、国际或行业通用标准相一致;另一方面,界面的颜色、形状、字体自成一体,不同设备相同设计状态的颜色应保持一致。界面细节美工设计的一致性使运行人员看界面时感到舒适,从而凝聚他的注意力。对于新运行人员或在紧急情况下处理问题的运行人员来说,一致性还能减少他们的操作失误。

5. 频率原则

按照管理对象的对话交互频率设计人机界面的层次顺序和对话窗口菜单的显示位置等,提高监控效率和访问对话频率。

6. 重要性原则

按照管理对象在控制系统中的重要性和全局性水平,设计人机界面的主次菜单和对话窗口的位置和突显性,这样有助于管理人员把握好控制系统的主次内容,安排好控制决策的顺序,实现最优调度和管理。

7. 面向对象原则

按照操作人员的身份特征和工作性质,设计与之相适应和友好的人机界面,从而提高用户的交互水平和效率。

现场控制器和上位监控管理之间有密切的内在联系,它们监控和管理的现场设备对象是相同的,因此,许多现场设备参数在它们之间是共享和相互传递的。人机界面的标准化设计应是未来的发展方向,因为它确实体现了易懂、简单、实用的基本原则,充分表达了以人为本的设计理念。各种工控组态软件和编程工具为制作精美的人机交互界面提供了强有力的支持手段,系统越大、越复杂,越能体现其优越性。

二、人机界面设计的步骤

1. 创建系统功能的外部模型

模型设计主要考虑软件的数据结构、总体结构和过程性描述,界面设计一般只作为附属品,只有对用户的情况(包括年龄、性别、心理情况、文化程度、个性、种族背景等)有所了解,才能设计出有效的用户界面;根据终端用户对未来系统的假想(简称系统假想)设计用户模型,最终使之与系统实现后得到的系统映象(系统的外部特征)相吻合,如此用户才能对系统感到满意并能有效使用它;建立用户模型时要充分考虑系统假想给出的信息,系统映象必须准确地反映系统的语法和语义信息。总之,只有了解了用户和任务,才能设计出好的人机界面。

2. 确定人和计算机应完成的任务

有两种任务分析途径:一种是从实际出发,通过对处于手工或半手工状态下的原有应用系统的剖析,将其映射为在人机界面上执行的一组类似的任务;另一种是通过研究系统的需求规格说明,导出一组与用户模型和系统假想相协调的用户任务。

逐步求精和面向对象分析等技术同样适用于任务分析。逐步求精技术可把任务不断划分为子任务,直至对每个子任务的要求都十分清楚;而面向对象分析技术可识别出与应用有关的所有客观的对象以及与对象关联的动作。

3. 考虑界面设计中的典型问题

设计任何一个人机界面,一般都必须考虑系统响应时间、用户求助机制、错误信息处理和命令方式四个方面。系统响应时间过长是交互式系统中用户抱怨最多的问题,除了响应时间的绝对长短外,用户对不同命令在响应时间上的差别亦很在意,若此差别过大,用户将难以接受;用户求助机制宜采用集成式系统,避免叠加式系统导致用户求助某项指南时不得不浏览大量无关信息;错误信息和警告信息必须选用用户明了、含义准确的术语描述,同时还应尽可能提供一些有关错误恢复的建议。此外,显示错误信息时,若辅以听觉(铃声)、视觉(专用颜色)刺激,则效果更佳;命令方式最好是菜单命令与键盘命令并存,供用户选用。

4. 借助 CASE 工具构造界面原型,并真正实现设计模型

软件模型一旦确定,即可构造一个软件原型,此时仅有用户界面部分,此原型交给用户评审,根据反馈意见修改后再次交给用户评审,直至与用户模型和系统假想相协调。一般可借助用户界面工具箱或用户界面开发系统提供的现成的模块或对象创建各种界面基本成分的工作模块。

5. 考虑人文因素

(1)人机匹配性 用户是人,计算机系统作为人完成任务的工具,应该使计算机和人组成的人机系统很好地匹配工作;如果产生矛盾,应该是计算机去适应人,而不是人去适应计算机。

(2)人的固有技能 作为计算机用户的人,具有许多固有的技能,对这些技能进行分析和综合,有助于对用户所能胜任的工作、处理人机界面的复杂程度、用户能从界面获得多少知识和帮助,以及所需花费的时间做出估计或判断。

(3)人的固有弱点 人具有易遗忘、易出错、注意力易不集中、情绪易不稳定等固有弱点。设计良好的人机界面应尽可能减少用户操作使用时的记忆量,力求避免可能发生的错误。

(4)用户的知识经验和受教育程度 计算机用户的受教育程度,决定了他对计算机系统的知识经验。

(5)用户对人机系统的期望和态度。

三、常见的触摸屏和组态软件

1. 常见触摸屏的类型与特点

触摸屏(touch screen)又称为"触控屏""触控面板",是一种可接收触头等输入信号的感应式液晶显示装置,当屏幕上的图形按钮受到接触时,屏幕上的触觉反馈系统可根据预先编制的程序驱动各种连接装置,并借由液晶显示画面展现出生动的影音效果。触摸屏作为一种最新的电脑输入设备,是目前最简单、方便、自然的一种人机交互方式。它赋予了多媒体崭新的面貌,是极富吸引力的全新多媒体交互设备。触摸屏主要应用于公共信息的查询、领导办公、工业控制、军事指挥、电子游戏、点歌点菜、多媒体教学、房地产预售等。

常见触摸屏按工作原理分类,可以分为电阻式触摸屏(四线电阻屏和五线电阻屏)、电容式触摸屏、红外线式触摸屏、表面声波触摸屏,各类型触摸屏的特性如表 2-1 所示。

表 2-1 常见触摸屏的特性

特性 \ 类别	四线电阻屏	五线电阻屏	电容式触摸屏	红外线式触摸屏	表面声波触摸屏
清晰度	一般	较好	一般	—	很好
分辨率	4 096×4 096	4 096×4 096	4 096×4 096	100×100	4 096×4 096

续表

特性＼类别	四线电阻屏	五线电阻屏	电容式触摸屏	红外线式触摸屏	表面声波触摸屏
反光性	有	较少	较严重	—	很少
透光率	60%左右	75%	85%	—	92%（极限）
漂移	—	—	有	—	—
材质	多层玻璃或塑料复合膜	多层玻璃或塑料复合膜	多层玻璃或塑料复合膜	塑料框架或透光外壳	纯玻璃
防刮擦	主要缺陷	较好,怕锐器	一般	—	非常好
反应速度	10～20 ms	10 ms	15～24 ms	50～300 ms	10 ms
使用寿命	500 万次以上	3 500 万次	2 000 万次	传感器太多损坏概率大	5 000 万次以上

2. 常见组态软件的类型与特点

组态软件又称为组态监控软件系统软件,译自英文 SCADA,即 supervisory control and data acquisition(数据采集与监视控制),主要指一些数据采集与过程控制的专用软件。它们处在自动控制系统监控层一级的软件平台和开发环境,使用灵活的组态方式,为用户提供快速构建工业自动控制系统监控功能、通用层次的软件工具。

随着国内计算机水平和工业自动化程度的不断提高,通用组态软件的市场需求日益增大。近年来,国外组态软件的市场占有率依旧很高,但国内一些技术力量雄厚的高科技公司相继开发出了适合国内企业使用的通用组态软件。

常见的国内组态软件如下。

1) MCGS

MCGS(monitor and control generated system)是由北京昆仑通态自动化软件科技有限公司开发的一套基于 Windows 平台,用于快速构造和生成上位机监控系统的组态软件系统。MCGS 能够完成现场数据采集、实时和历史数据处理、报警和安全机制、流程控制、动画显示、趋势曲线和报表输出,以及企业监控网络等功能。

2) 组态王

组态王软件已经在钢铁、化工、电力、通信、环保、水处理、冶金等行业得到了广泛的应用,现已成为客户首选的国内组态软件,并且为首个应用于国防、航空航天等重大领域的国内组态软件。

常见的国外组态软件如下。

1) WinCC

WinCC 由西门子股份公司设计开发,主要运行于个人计算机环境,可以与多种自动化设备及控制软件集成,具有丰富的设置项目、可视窗口和菜单选项,使用方式灵活,功能齐全。用户在其友好的界面上进行组态、编程和数据管理,形成所需的操作画面、监视画面、控制画面、报警画面、实时趋势曲线、历史趋势曲线和打印报表等。它为操作者提供了图文并茂、形象直观的操作环境,不仅缩短了软件设计周期,而且提高了工作效率。WinCC 已发展成为欧洲市场中的领导者,乃至业界遵循的标准。

2) InTouch

InTouch 由 Wonderware 公司设计开发,适合于部署在独立机械中、分布式的服务器/客户机体系结构中、利用 FactorySuite 工业应用服务器的应用中。InTouch 是实现了微软公司"支持 WindowsXP"认证的第一个组态软件,可以从工作站、个人数字助理(PDA)和浏览器观看显示内容。

3) iFIX

GE 公司的 iFIX 软件用于全面监控和分布管理全厂范围内的生产数据。iFIX 集功能性、安全性、通用性和易用性于一身,是任何生产环境下全面的 HMI/SCADA 解决方案。iFIX 各种领先的专利技术,可以帮助企业更快制定出更有效的商业及生产决策,以使企业具有更强的竞争力。

◀ 任务2　YL-335B 自动化生产线中 MCGS 技术的应用 ▶

【能力目标】

(1) 掌握 MCGS 的安装方法。

(2) 掌握 MCGS 的使用技能。

(3) 了解 MCGS 与 PLC 的通信设置。

【工作任务】

通过对实践指导内容的学习以及查阅相关资料,完成以下工作任务:

(1) 完成组态软件的安装。

(2) 完成触摸屏与计算机或 PLC 等设备的连接。

(3) 完成 S7-200 的驱动程序参数的设置。

【资讯 & 计划】

认真学习本次任务中的实践指导内容,查阅相关参考资料,并制订完成工作任务的计划。

(1) 了解触摸屏的安装过程和接线方法。

(2) 掌握 MCGS 与 PLC 的硬件和组态软件的设置步骤与方法。

【实践指导】

一、MCGS 组态软件的安装步骤

(1) 将光盘放入计算机光驱中,会自动弹出安装界面,如果没有弹出来,可在"我的电脑"中打开光盘,双击"Autorun. exe"即可弹出安装界面,如图 2-2 所示。

(2) 选择"安装 MCGS 组态软件嵌入版",弹出如图 2-3 所示的界面。

(3) 在图 2-3 所示的界面中单击"下一步"按钮,弹出如图 2-4 所示的界面。

图 2-2 MCGS 安装首界面

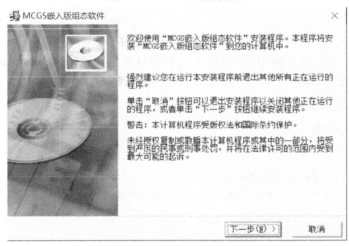

图 2-3 MCGS 嵌入版组态软件安装首界面

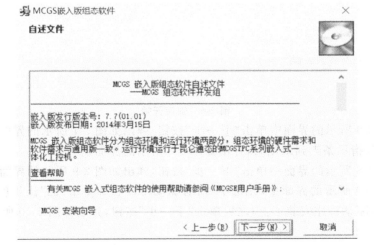

图 2-4 MCGS 嵌入版组态软件安装向导

（4）在图 2-4 所示的界面中单击"下一步"按钮,弹出如图 2-5 所示的界面。

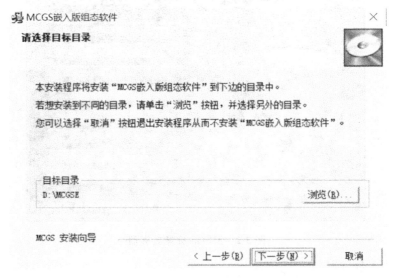

图 2-5 安装目录选择

（5）在图 2-5 所示的界面中,系统默认的安装目录为 D:\MCGSE,建议读者不要更改,保留系统默认的安装目录,单击"下一步"按钮,弹出如图 2-6 所示的界面。

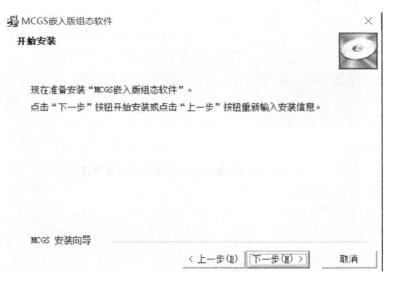

图 2-6 安装开始

（6）在图 2-6 所示的界面中单击"下一步"按钮,弹出如图 2-7 所示的界面。

（7）待进度指示条走到末尾时,弹出如图 2-8 所示的界面。

（8）在图 2-8 所示的界面中单击"下一步"按钮,弹出如图 2-9 所示的界面。

（9）在图 2-9 所示的界面中,先选中"所有驱动"选项,即单击"☑"让灰色的对钩变成黑色的,否则仪表驱动程序安装不上;之后单击"下一步"按钮,弹出如图 2-10 所示的界面。

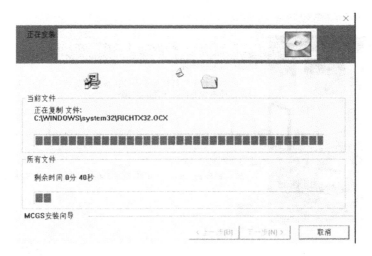

图 2-7　安装中

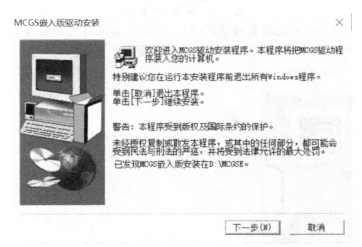

图 2-8　是否安装驱动程序

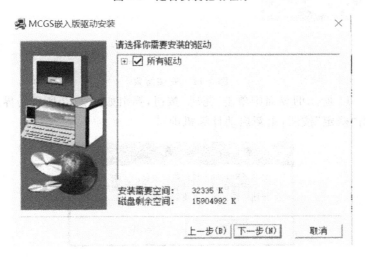

图 2-9　驱动选择

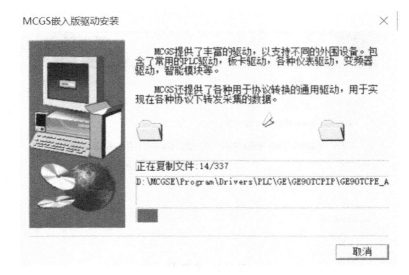

图 2-10　驱动程序安装中

（10）在安装进程中，可能会有对话框弹出，提示部分文件复制错误，单击"忽略"即可，待进度指示条走到末尾时，弹出如图 2-11 所示的界面。

图 2-11　安装结束

（11）在图 2-11 所示的界面中单击"完成"按钮，弹出如图 2-12 所示的界面；在图 2-12 所示的界面中单击"确定"按钮，重新启动计算机即可。

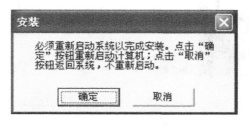

图 2-12　是否重启计算机选择

二、熟悉 MCGS 组态软件的使用

1. MCGS 组态软件的整体结构

MCGS 组态软件系统包括组态环境和运行环境两部分,如图 2-13 所示。组态环境相当于一套完整的工具软件,帮助用户设计和构造自己的应用系统。运行环境则以用户指定的方式运行组态环境中构造的组态工程,并进行各种处理,实现用户组态设计的目标和功能。

图 2-13　MCGS 组态软件系统的组成结构

MCGS 组态软件(简称 MCGS)由"MCGS 组态环境"和"MCGS 运行环境"两部分组成。这两部分既互相独立,又紧密相关,如图 2-14 所示。

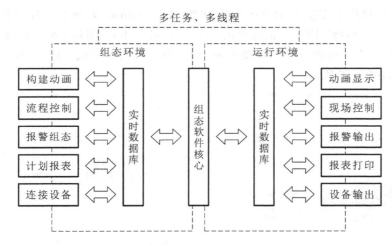

图 2-14　组态环境与运行环境的关系

2. MCGS 组态软件的组成部分

MCGS 组态软件所建立的工程由主控窗口、设备窗口、用户窗口、实时数据库和运行策略五部分构成,每一部分分别进行组态操作,完成不同的工作,具有不同的特性,如图 2-15 所示。

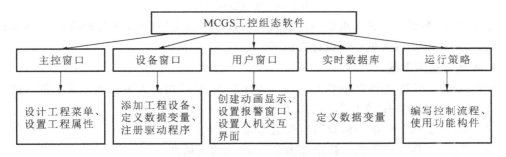

图 2-15　MCGS 的组成及功能

(1)主控窗口:工程的主窗口或主框架。在主控窗口中可以放置一个设备窗口和多个用户窗口,负责调度和管理所有窗口的打开或关闭。主要的组态操作包括定义工程的名称、编制工程菜单、设计封面图形、确定自动启动的窗口、设定动画刷新周期、指定数据库存盘文件名称及存盘时间等。

（2）设备窗口:连接和驱动外部设备的工作环境。在本窗口内配置数据采集与控制输出设备,注册设备驱动程序,定义连接与驱动设备用的数据变量。

（3）用户窗口:主要用于设置工程中的人机交互界面,诸如生成各种动画显示画面、报警输出、数据与曲线图表等。

（4）实时数据库:工程各个部分的数据交换与处理中心,它将 MCGS 工程的各个部分连接成有机的整体。在本窗口内定义不同类型和名称的变量,作为数据采集与处理、输出控制、动画连接及设备驱动的对象。

（5）运行策略:主要完成工程运行流程的控制,包括编写控制程序(if…then 脚本程序)、选用各种功能构件,如数据提取、历史曲线、定时器、配方操作、多媒体输出等。

3. 人机界面的创建

如果已在计算机上安装了 MCGS 组态软件,在 Windows 桌面上会有"MCGSE 组态环境"与"MCGS 运行环境"图标。鼠标双击"MCGSE 组态环境"图标,进入 MCGS 组态环境,然后单击"新建工程",弹出新建工程设置窗口,在该窗口内可完成 TPC 类型选择和人机界面背景设置,如图 2-16 所示。

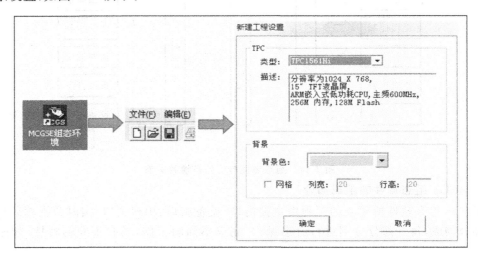

图 2-16　工程属性设置

完成 TPC 类型选择和人机界面背景设置后,单击"确定"按钮,弹出如图 2-17 所示的界面。此时,便可以开启人机界面设计之旅了。

4. 触摸屏程序下载

先用网线或 USB 电缆将电脑与触摸屏连接起来,然后按照以下步骤完成工程下载。

（1）打开工程,单击"文件",找到需要下载的工程。

（2）单击"工具"→"组态检查",检查组态是否正确。

（3）单击"工具"→"下载",弹出如图 2-18 所示的对话框。

（4）利用网线连接触摸屏与计算机时,连接方式选择"TCP/IP 网络","目标机名"栏填入触摸屏的 IP 地址,如 192.168.0.2;利用 USB 电缆连接触摸屏与计算机时,连接方式选择"USB

通讯"。然后单击"连机运行",之后单击"通讯测试",只有通讯测试正常时才能下载工程。

(5) 单击"工程下载",下载成功后单击"启动运行"即可。

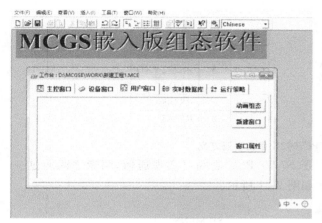
图 2-17　新工程创建窗口

图 2-18　下载配置

【决策 & 实施】

根据人机界面和现场控制的具体要求,自主完成以下工作任务:

(1) 根据控制要求,完成 PLC 程序的编写。

(2) 根据监控需要,完成人机界面的设计。

(3) 通过控制装置,完成触摸屏的接线,并实现通信控制。

【实践指导】

一、触摸屏的连接

1. 触摸屏与计算机的连接

这里以北京昆仑通态自动化软件科技有限公司研发的 TPC7062K 触摸屏为例,简述计算机与触摸屏之间的连接方法。

TPC7062K 触摸屏的背面和连接线如图 2-19 所示。触摸屏与计算机之间通过一根 USB 电缆即可实现连接。

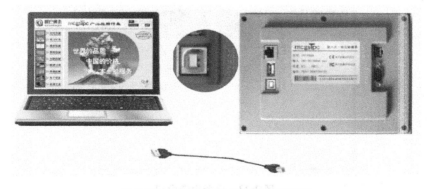

图 2-19　TPC7062K 的背面和连接线

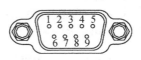

2. 触摸屏与 PLC 的连接

TPC7062K 触摸屏背面有一个 DB9 针的串口,该串口主要用来完成与各类型 PLC 的连接,其各引脚定义如图 2-20 所示。

接口	PIN	引脚定义
COM1	2	RS232 RXD
	3	RS232 TXD
	5	GND
COM2	7	RS485＋
	8	RS485－

图 2-20　TPC7062K 串口引脚定义

通过串口,TPC7062K 触摸屏和西门子 S7-200PLC 之间可实现通信,两者之间通过一根 PPI 电缆实现了连接与通信,接线方法如图 2-21 所示。

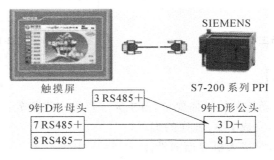

图 2-21　TPC7062K 触摸屏与 S7-200PLC 的连接

二、MCGS 与 PLC 的通信

这里以西门子 S7-200PLC 为例,简述硬件设备与 MCGS 组态软件是如何连接的。具体操作如下。

1. 设备组态

(1)在"设备组态"窗口中双击"设备窗口"图标,然后单击工具条中的"工具箱"图标,打开"设备工具箱"。

(2)在可选设备列表中,双击"通用串口父设备",然后双击"西门子_S7200PPI",弹出如图 2-22 所示的界面。

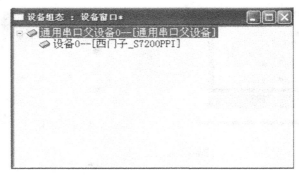

图 2-22　设备组态窗口

（3）双击"通用串口父设备 0——[通用串口父设备]"，进入通用串口父设备基本属性设置窗口，如图 2-23 所示，做如下设置。

① 串口端口号（1～255）设置为 0-COM1；

② 通讯波特率设置为 8-19200；

③ 数据校验方式设置为 2-偶校验；

④ 其他属性为默认。

图 2-23　通用串口父设备属性设置窗口

2. 窗口组态

这里以三个按钮 Q0.0、Q0.1、Q0.2，三个按钮对应的三盏指示灯以及输入 VW0 和 VW2 为例，简述窗口组态过程。

创建一个新的用户窗口并命名为"西门子 200 控制画面"，如图 2-24 所示。

在图 2-24 所示的界面中单击"确认"后，弹出对应的用户窗口组态界面，如图 2-25 所示，建立基本构件：按钮、指示灯和输入框。

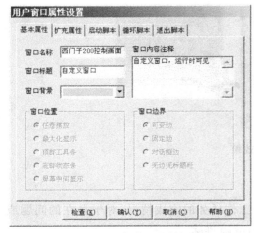

图 2-24　用户窗口属性设置

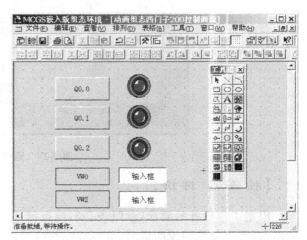

图 2-25　用户窗口组态界面

然后建立基本构件按钮、指示灯、输入框的数据连接,如图 2-26 所示。完成数据连接后,参照图2-27、图 2-28 所示的方法,设置每一个构件的动作属性。当完成设备组态和窗口组态,且检查无误后,便可下载运行 MCGS,运行效果如图 2-29 所示。

图 2-26　变量选择

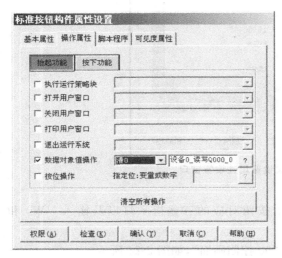

图 2-27　标准按钮构件属性设置

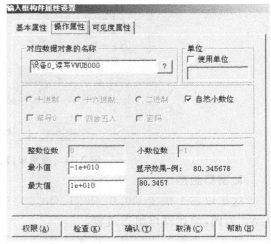

图 2-28　输入框构件属性设置

图 2-29　运行效果

【检查 & 评价】

根据工作任务的要求,参照表 2-2,检查每一个工作任务的完成情况,对于存在的问题或故障,查阅设备使用说明资料,分析故障原因并进行故障排除。

表 2-2 工作任务完成情况统计分析表 2

学习对象	工作任务内容	是否完成/掌握	存在的问题及其分析与解决方法
MCGS 组态软件	软件安装	是/否	
	软件的组成及功能	是/否	
	窗口的组态	是/否	
	软件下载及运行	是/否	
触摸屏	触摸屏与计算机、PLC 的连接	是/否	
MCGS 与 PLC 的通信	窗口组态	是/否	
	变量连接	是/否	

学习领域二

运动控制技术

YUNDONG

KONGZHI JISHU

变频器控制技术

三相交流异步电动机具有结构简单、坚固、运行可靠、价格低廉等特点,在冶金、建材、矿山、化工等重工业领域发挥着巨大作用。在许多场合下人们希望能够用可调速的交流电动机代替直流电动机,从而降低成本,提高运行的可靠性。如果实现交流调速,每台电动机将节能 20% 以上,而且在恒转矩条件下,能降低轴的输出功率,既提高了电动机效率,又可获得节能效果。

异步电动机调速系统的种类很多,但是效率高、性能最好、应用最广的是变频调速,它可以构成高动态性能的交流调速系统来取代直流调速系统,是交流调速的主要发展方向。变频调速是以变频器向交流电动机供电,并构成开环或闭环系统,从而实现对交流电动机的无级调速。

◀ 任务 1　熟悉变频器调速系统 ▶

【能力目标】

(1) 掌握变频器的功能及控制方式。
(2) 会选择变频器,掌握其额定容量的计算方法。
(3) 能按正确步骤完成变频器调试。

【工作任务】

通过对任务内容的学习,回答以下问题:
(1) 变频器有哪些种类? 各有什么特点?
(2) 变频器由哪些部分组成? 各有什么作用?
(3) 常见变频器的控制方式有哪些?

【相关知识】

一、变频器的工作原理

变频器的功用是将频率固定的交流电(三相或单相)转换成频率连续可调(多数为 0～50 Hz)的三相交流电。

有公式:

$$n_0 = 60f/p$$

式中,n_0 为旋转磁场的转速(通常称为同步转速);f 为电流的频率;p 为旋转磁场的磁极对数。

　　当频率 f 连续可调(一般 p 为定数)时,电动机的同步转速 n_0 也连续可调。又因为异步电动机的转子转速总是比同步转速略小一些,所以当同步转速连续可调时,异步电动机的转子转速也是连续可调的。变频器就是通过改变 f(电流的频率)来使电动机调速的。

　　变频器的分类方式很多,其中按变换环节可分为交-交变频器和交-直-交变频器,此处简单介绍这两者的工作原理。

1. 交-交变频器的工作原理

　　三相输入单相输出的交-交变频电路由 P 组和 N 组反向并联的晶闸管变流电路构成,其结构如图 3-1(a)所示。

　　结合图 3-1(a),分析三相输入单相输出的交-交变频电路的工作原理:P 组交流器工作时,负载电流 i_o 为正;N 组交流器工作时,i_o 为负;两组变流器按一定的频率交替工作时,负载就得到了该频率的交流电。改变交替频率,就可改变输出频率 f_o;改变变流电路的控制角 α,就可以改变交流输出电压幅值。为使 u_o 波形接近正弦波形,可按正弦规律对 α 角进行调制,在半个周期内让 P 组 α 角按正弦规律从 90° 减到 0° 或某个值,再增加到 90°,这样每个控制间隔内的平均输出电压就会按正弦规律从零增至最大值,再减到零。u_o 由若干段电源电压拼接而成,在一个周期内,u_o 包含的电源电压段越多,其波形就越接近正弦波,如图 3-1(b)所示。

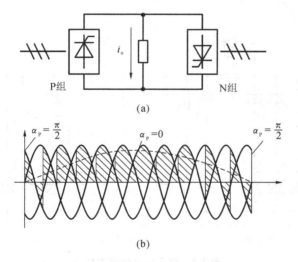

(a)

(b)

图 3-1　交-交变频器变换电路

2. 交-直-交变频器的工作原理

　　目前,绝大多数变频调速系统采用交-直-交变频器,它由主电路和控制电路组成,交-直-交变频调速系统如图 3-2 所示。其中尤以电压器变频器为通用,其主电路如图 3-3 所示。主电路是变频器的核心电路,由整流电路(交-直变换电路)、直流滤波电路(能耗电路)及逆变电路(直-交变换电路)组成。

　　1) 交-直变换电路的组成及功能

　　(1) 交-直变换电路中,由 VD1～VD6 组成三相整流桥,将交流电变换为直流电。

　　(2) 滤波电容器(C_F)可以滤除全波整流后的电压纹波,当负载发生变化时,使直流电压保持平衡。受电容量和耐压的限制,滤波电路通常由若干个电容器并联组成,又由两个电容器组串联而成,如图 3-3 中的 C_{F1} 和 C_{F2}。由于两组电容器的电容特性不可能完全相同,故在两个电容器组上分别并联一个阻值相等的分压电阻 R_{C1} 和 R_{C2}。

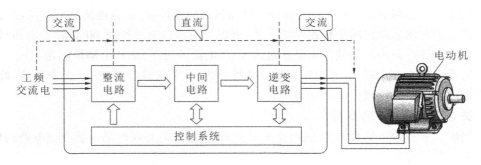

图 3-2　交-直-交变频调速系统

（3）限流电阻 R_L 和开关 S_L

R_L 的作用：变频器刚合上闸时的瞬间冲击电流比较大，故在变频器合上闸后的一段时间内，冲击电流流经 R_L，R_L 限制冲击电流，将电容器的充电电流限制在一定范围内。

S_L 的作用：当电容器充电到一定电压后，S_L 闭合，将 R_L 短路。一些变频器使用晶闸管代替，如图 3-3 所示。

（4）电源指示灯除用于变频器通电指示外，还用于变频器断电后是否有电的指示（灯灭后才能进行拆线等操作）。

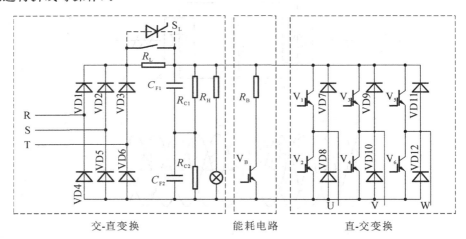

图 3-3　电压器变频器主电路

2）能耗电路的组成及功能

（1）制动电阻 R_B。

变频器在频率下降的过程中处于再生制动状态，回馈的电能将存储在电容器中，致使直流电压不断上升，甚至达到十分危险的程度。R_B 的作用就是将这部分回馈电能消耗掉。一些变频器的此电阻是外接的，都有外接端子（如 DB＋、DB－）。

（2）制动单元 V_B。

制动单元 V_B 由 GTR 或 IGBT 及其驱动电路构成，其作用是为放电电流 I_B 流经 R_B 提供通路。

3）直-交变换电路的组成及功能

（1）逆变管 $V_1 \sim V_6$。

逆变管 $V_1 \sim V_6$ 组成逆变桥，把 VD1～VD6 整流的直流电逆变为交流电。逆变管是变频器的核心部分。

（2）续流二极管 VD7～VD12。

① 电动机是感性负载，其电流中有无功分量，续流二极管为无功电流返回直流电源提供"通道"；

② 当频率下降，电动机处于再生制动状态时，再生电流经 VD7～VD12 整流后返回直流电路；

③ 电流逆变过程中，同一桥臂的两个逆变管持续处于导通和截止状态，在其换相过程中，需要 VD7～VD12 提供通路。

4）缓冲电路的组成及基本功能

逆变管在导通和截止的瞬间，其电压和电流的变化率是比较大的，可能使逆变管受到损害。因此，每个逆变管旁边还要接入缓冲电路，如图 3-4 所示，缓冲电路的作用就是减小电压和电流的变化率。

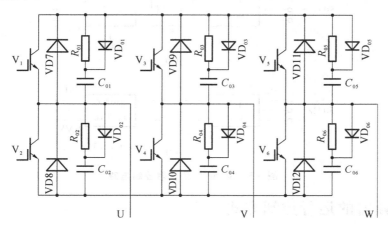

图 3-4 变频器缓冲电路

（1）C_{01}～C_{06}。

每次在逆变管 V_1～V_6 由导通到截止的判断瞬间，集电极 C 和发射极 E 之间的电压将迅速由 0 V 上升为直流电压 U_D。过大的电压增长率将导致逆变管的损坏。C_{01}～C_{06} 的作用就是减小逆变管由导通到截止时的电压增长率，防止逆变管损坏。

（2）R_{01}～R_{06}。

在逆变管 V_1～V_6 由导通到截止的瞬间，C_{01}～C_{06} 所充的电压（等于 U_D）使 V_1～V_6 放电。此放电电流的初值很大，并且叠加在负载电流上，会导致逆变管的损坏。R_{01}～R_{06} 的作用就是限制 C_{01}～C_{06} 在逆变管导通瞬间的放电电流。

（3）VD_{01}～VD_{06}。

R_{01}～R_{06} 的接入，会影响到 C_{01}～C_{06} 在 V_1～V_6 关断时减小电压增长率的效果。VD_{01}～VD_{06} 的接入，使 R_{01}～R_{06} 在 V_1～V_6 关断过程中不起作用；而在 V_1～V_6 接通过程中，VD_{01}～VD_{06} 又迫使 C_{01}～C_{06} 的放电电流流经 R_{01}～R_{06}。

3. 交-直-交变频器控制电路

交-直-交变频器控制电路由运算电路、检测电路、控制信号的输入/输出电路和驱动电路等组成，其主要任务是完成对逆变器的开关控制、对整流器的电压控制以及各种保护功能等,可采用模拟控制或数字控制。

高性能的变压器目前已采用嵌入式微型计算机进行数字控制,主要靠软件来完成各种功能。

按照不同的控制方式,可将交-直-交变频器控制电路分为图 3-5(a)、图 3-5(b)、图 3-5(c)所示的 3 种,其中,图 3-5(a)所示的电路采用可控整流变压、六拍变频器变频,图 3-5(b)所示的电路采用斩波器变压、六拍变频器变频,图 3-5(c)所示的电路采用 PWM 逆变器变压变频。

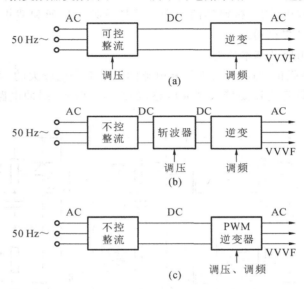

图 3-5 交-直-交变频器控制电路

二、变频器的运行控制方式

低压通用变频器的输出电压为 380～650 V,输出功率为 0.75～400 kW,工作频率为 0～400 Hz,其常用的控制方式如下。

1. 非智能控制方式

在交流变频器中使用的非智能控制方式有 V/f 控制、转差频率控制、矢量控制、直接转矩控制等。

1) V/f 控制

V/f 控制是为了得到理想的转矩-速度特性,远程监控系统是基于在改变电源频率进行调速的同时,又要保证电动机的磁通不变的思想而提出的。通用型变频器基本上都采用这种控制方式。V/f 控制变频器的结构非常简单,但是这种变频器采用开环控制方式,不能达到较高的控制性能,而且在低频时必须进行转矩补偿,以改变低频转矩特性。

2) 转差频率控制

转差频率控制是一种直接控制转矩的控制方式,它在 V/f 控制的基础上,按照已知异步电动机的实际转速对应的电源频率,根据希望得到的转矩来调节变频器的输出频率,使电动机具有对应的输出转矩。使用这种控制方式,需要在控制系统中安装速度传感器,有时还需安装电流反馈装置,以对频率和电流进行控制。因此,转差频率控制是一种闭环控制方式,可以使变频器具有良好的稳定性,并对极速的加减速和负载变动有良好的响应特性。

3）矢量控制

矢量控制通过矢量坐标电路控制电动机定子电流的大小和相位，并分别对电动机在 d-O-q 坐标系中的励磁电流和转矩电流进行控制，进而达到控制电动机转矩的目的。通过控制各矢量的作用顺序和时间以及零矢量的作用时间，可以形成各种 PWM 波，达到各种不同的控制目的，例如形成开关次数最少的 PWM 波，以减少开关损耗。目前变频器实际应用的矢量控制方式主要有基于转差频率控制的矢量控制方式和无速度传感器的矢量控制方式两种。

4）直接转矩控制

直接转矩控制利用空间矢量坐标的概念，在定子坐标系下分析交流电动机的数学模型，控制电动机的磁链和转矩，通过检测定子电阻来达到观测定子磁链的目的，因此省去了矢量控制中复杂的变换计算。直接转矩控制系统直观、简洁，计算速度和精度与矢量控制方式相比都有所提高，即使在开环状态下也能输出 100% 的额定转矩，一定情况下具有负荷平衡功能。

5）最优控制

最优控制在实际应用中因要求的不同而有所不同，可以根据最优控制的理论对某一个控制要求的个别参数进行最优化。例如在高压变频器的控制应用中，就采用了时间分段控制和相位平移控制两种策略，以实现一定条件下的电压最优波形。

6）其他非智能控制方式

在实际应用中，还有一些非智能控制方式在变频器的控制中得以实现，例如自适应控制、滑模变结构控制、差频控制、环流控制、频率控制等。

2. 智能控制方式

智能控制方式主要有神经网络控制、模糊控制、专家系统、学习控制等。在变频器的控制中采用智能控制方式在具体应用中有一些成功的范例。

1）神经网络控制

神经网络控制方式在变频器的控制中的应用，一般是进行比较复杂的系统控制，这时对系统模型的了解甚少，因此神经网络既要完成系统辨识的功能，又要进行控制。神经网络控制方式可以同时控制多个变频器，因此在多个变频器级联时进行控制比较适合。但是神经网络的层数太多或者算法过于复杂，都会给具体应用带来不少困难。

2）模糊控制

模糊控制方式用于控制变频器的电压和频率，使电动机的升速时间得到控制，以避免升速过快对电动机使用寿命造成影响以及升速过慢影响工作效率。模糊控制的关键在于论域、隶属度以及模糊级别的划分，这种控制方式尤其适用于多输入单输出的控制系统。

3）专家系统

专家系统是利用专家经验进行控制的一种控制方式，因此专家系统中一般要建立一个专家库，存放一定的专家信息，另外还要有推理机制，以便于根据已知信息寻求理想的控制结果。专家库与推理机制的设计是尤为重要的，关系着专家系统控制的优劣。应用专家系统既可以控制变频器的电压，又可以控制变频器的电流。

4）学习控制

学习控制主要用于重复性的输入，而规则的 PWM 信号恰好满足这个条件，因此学习控制也可用于变频器的控制中。学习控制不需要了解太多的系统信息，但是需要 1～2 个学习周期,因此其快速性相对较差;学习控制的算法中有时需要实现超前环节,这用模拟器件是无法实现的;学习控制还涉及稳定性的问题,在应用时要特别注意。

【实践指导】

一、变频器的选用

目前,市场上各个厂家的变频器种类繁多,而只有合适的变频器才能使机械设备电控系统既能长期正常、安全、可靠地运行,又能实现最佳性价比,变频器的正确选用是使用好变频器的第一步。

1.变频器类型的选择

(1)对于恒转矩负载,如挤压机、搅拌机、传送带、工厂运输电车、起重机等,如采用普通功能型变频器,要想实现恒转矩调速,常采用加大电动机和变频器的容量的办法,以提高低速转矩;如采用具有转矩控制功能的高性能变频器来实现恒转矩调速,则更理想,因为这种变频器的低速转矩大,静态机械特性硬度大,不怕负载冲击,具有挖土机特性。

(2)对于恒功率负载,如车床、刨床、鼓风机等,由于没有恒功率特性的变频器,一般依靠 U/f 控制方式来实现恒功率调速。

(3)对于二次方律负载,如风机、泵类等,由于负载转矩与转速的平方成正比,低速时负载转矩较小,通常选择专用或节能型通用变频器。

(4)对于精度要求高、动态性能好、响应速度快的生产机械,如造纸机、注塑机、轧钢机等,应采用矢量控制高性能通用变频器;对于电力机车、电梯、起重机等,可选用具有直接转矩控制功能的专用变频器。

2.变频器容量的选择

变频器容量的选择由很多因素决定,如电动机容量、电动机额定电流、电动机加减速时间等。变频器的容量通常按运行过程中可能出现的最大工作电流来选择。下面介绍几种不同情况下变频器容量的计算与选择方法。

1)轻载启动或连续运转时所需的变频器容量的计算

由于变频器的输出电压、输出电流中含有高次谐波,电动机的功率因数、效率有所下降,输出电流约增加 10%,因此,变频器的容量(输出电流 I_{CN})可按以下公式计算:

$$I_{CN} \geqslant 1.1 I_M$$

式中,I_M 为电动机的额定电流(A)。

2)重载启动或频繁启动、制动运行时变频器容量的计算

$$I_{CN} \geqslant (1.2 \sim 1.3) I_M$$

3)加减速时变频器容量的计算

变频器的最大输出转矩是由变频器的最大输出电流决定的。一般情况下,对于短时的加减速而言,变频器允许最大输出电流达到额定输出电流的 130%~150%(持续时间约 1 min),因此电动机中流过的电流不会超过此值。

如只需要较小的加减速转矩,则可选择较小容量的变频器。由于电流的脉动,应该留有 10% 的余量。

4）频繁加减速运转时变频器容量的计算

根据加速、恒速、减速等各种运行状态下的电流值，按下式计算变频器的容量：

$$I_{CN} \geqslant k \frac{I_1 t_1 + I_2 t_2 + \cdots + I_n t_n}{t_1 + t_2 + \cdots + t_n}$$

式中，$I_1, I_2, \cdots, I_n$ 为各运行状态下的平均电流（A）；$t_1, t_2, \cdots, t_n$ 为各运行状态下的时间（s）；k 为安全系数（运行频繁时为 1.2，其他条件下为 1.1）。

5）多台电动机并联运行且共用一台变频器时容量的计算

用一台变频器使多台电动机并联运转时，对于在一小部分电动机开始启动后，再追加投入其他电动机启动的场合，此时变频器的电压、频率已经上升，追加投入的电动机将产生较多启动电流，因此，此场合下的变频器容量与所有电动机同时启动时的相比较大些。

以变频器短时过载能力为 150%，1 min 为例计算变频器的容量，若电动机加速时间在 1 min 内，须满足以下两式：

$$P_{CN} \geqslant \frac{2K_0 P_M}{3\eta\cos\varphi}[N_t + N_s(K_s - 1)]$$

$$I_{CN} \geqslant \frac{2}{3} I_M [N_t + N_s(K_s - 1)]$$

若电动机加速时间在 1 min 以上，则须满足以下两式：

$$P_{CN} \geqslant \frac{K_0 P_M}{\eta\cos\varphi}[N_t + N_s(K_s - 1)]$$

$$I_{CN} \geqslant I_M [N_t + N_s(K_s - 1)]$$

式中，P_{CN} 为变频器的额定容量（KVA）；P_M 为电动机输出功率（kW）；η 为电动机的效率，通常约为 0.85；$\cos\varphi$ 为电动机功率因数，通常约为 0.75；N_t 为并联电动机的台数（台）；N_s 为电动机同时启动的台数（台）；K_s 为电动机启动电流倍数。

3. 变频器选型注意事项

在实际应用中，变频器的选用应注意以下一些事项：

（1）选择变频器容量时，既要充分利用变频器的过载能力，又要避免在负载运行时使装置超温；

（2）选择变频器容量时要考虑负载性质，即使相同功率的电动机，若其负载性质不同，所需变频器的容量也不相同；

（3）在转动惯量、启动转矩大，或电动机带负载且要正、反转运行的情况下，变频器的功率应加大一级；

（4）根据使用环境条件、电网电压等仔细考虑变频器的选型，如在高海拔地区因空气密度较低，散热器不能达到额定散热器效果，一般海拔在 1 000 m 以上时，每升高 100 m，变频器容量下降 10%，故必要时可加大容量等级，以免变频器过热；

（5）根据使用场所对变频器的防护等级做选择，如为防止鼠害、异物等进入变频器而做防护选择，常见 IP10、IP20、IP30、IP40 等级均能防止固体物进入变频器；

（6）矢量控制方式只能对应一台变频器驱动一台电动机。

二、变频器调速系统的调试

变频器调速系统的调试工作没有规定的步骤，但一般应遵循"先空载，继轻载，后满载"

的规律。

1. 通电前的检查

变频器安装、接线完成后,通电前应进行下列检查:

(1) 外观、构造检查。包括检查变频器的型号是否有误、安装环境是否有问题、装置有无脱落或破损、电缆直径和种类是否合适、电气连接有无松动、接线有无错误、接地是否可靠等。

(2) 绝缘电阻的检查。测量变频器主电路的绝缘电阻时,必须将所有输入端(R、S、T)和输出端(U、V、W)都连接起来后,再用兆欧表测量绝缘电阻,其值应在 10 MΩ 以上,而变频器控制电路的绝缘电阻应用万用表的高阻档来测量,不能用兆欧表等仪表来测量。

(3) 电源电压检测。检查变频器主电路电源电压是否在允许的电源电压值范围以内。

2. 变频器的功能预置

变频器在和具体的生产机械配用时,需根据该机械的特性与要求,预先进行一系列的功能设定(如设定基本频率、最高频率、升降时间等),这称为预置设定,简称预置。

功能预置的方法主要有以下两种:

① 手动设定,也叫模拟设定,通过电位器或多极开关设定功能。

② 程序设定,也叫数字设定,通过编程的方式进行设定功能。

多数变频器的功能预置采用程序设定,通过变频器配置的键盘实现。

3. 变频器的键盘配置

不同变频器的键盘配置及各键名称差异很大,归纳起来有以下几种。

(1) 模式转换键。该键用来更改工作模式,工作模式主要有显示模式、运行模式及程序设定模式等。键的符号常用 MOD、PRG 等。

(2) 增减键。该键用于改变数据。键的符号常用 ∧ 或 △ 或 ↑、∨ 或 ↓。有的变频器还配置了横向移位键(＞或≫),用于加速数据的更改。

(3) 读出、写入键。在程序设定模式下,该键用于读出和写入数据码。对于读出数据码和写入数据码这两种功能,有的变频器用一键完成,有的变频器则用不同的键完成。键的符号常用 SET、READ、WRT、DATA、ENTER 等。

(4) 运行操作键。在键盘运行模式下,该键用来进行"运行""停止"等操作。键的符号常用 RUN(运行)、FWD(正转)、REV(反转)、STOP(停止)、JOG(点动)等。

(5) 复位键。该键用于发生故障跳闸后,使变频器恢复正常状态。键的符号是 RESET(或简写为 RST)。

(6) 数字键。有的变频器配置了 0~9 和小数点"."等数字键,在设定数字码时,可直接键入所需数据。

4. 变频器的程序设定

程序设定就是通过编写程序的方法对变频器进行功能预置,如设定启动时间、停止时间等。

现代变频器可设定的功能有数十种甚至上百种,为了区分这些功能,各变频器生产厂家以一定的方式对各种功能进行了编码,这种表示各种功能的代码称为功能码。不同变频器生产厂家对功能码采用的编制方法是不一样的。

变频器程序设定的一般步骤如下:

（1）按模式转换键（MOD 或 PRG），使变频器处于程序设定状态。

（2）按数字键或增减键（∧、∨、≫），找出需设置的功能码。

（3）按读出键或写入键（READ 或 SET），读出该功能中原有的数据码。

（4）如需修改，则按数字键或增减键来修改数据码。

（5）按写入键（WRT 或 SET），将修改后的数据码写入存储器中。

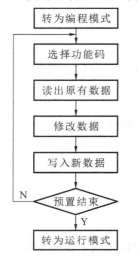

图 3-6　变频器的程序设计流程图

（6）判断预置是否结束，如未结束，则转入第二步继续预置其他功能；如已结束，则按模式转换键，使变频器进入运行状态。

上述步骤可参考图 3-6 所示的流程图。

变频器功能预置完成后，可先在变频器输出端不接电动机的情况下，就几个较易观察的项目，如升速时间、降速时间、点动频率等检查变频器的执行情况是否与预置相符合，并检查三相输出电压是否平衡。

5. 电动机的空载试验

变频器的输出端接上电动机，但将电动机与负载脱开，然后进行通电空载试验，以观察变频器配上电动机后的工作情况，并校准电动机的旋转方向。可按以下步骤进行电动机空载试验：

（1）将频率设置于 0 位，接通电源后，稍微增大工作频率，观察电动机的起转情况以及旋转方向是否正确。

（2）将工作频率增大至额定频率，让电动机运转一段时间，观察变频器的运行情况。如一切正常，再给定若干个常用的工作频率，也使电动机运行一段时间，观察变频器系统有无异常。

（3）将给定频率突降为 0（或按停止按钮），观察电动机的制动情况。

6. 调速系统的负载试验

将电动机的输出轴与负载连接起来，然后进行试验。

1）起转试验

将工作频率从 0 Hz 开始缓慢增大，观察拖动系统能否起转且在多大频率下起转。如起转较困难，应设法加大启动转矩。

2）启动试验

将给定信号调至最大，按下启动键，观察启动电流的变化以及整个拖动系统在升速过程中是否运行平稳。如因启动电流过大而跳闸，则应适当延长升速时间。

3）停机试验

将运行频率调至最大，按停车键，观察系统在停机过程中是否出现过电压或过电流继而跳闸。如出现，则应适当延长降速时间。

当输出频率为 0 Hz 时，观察系统是否有爬行现象，如有，则应适当加强直流制动。另外，一般还应检验电动机的发热、过载能力等性能。

◀ 任务 2　YL-335B 自动化生产线中变频器的应用 ▶

【能力目标】

(1) 掌握西门子 MM420 变频器的性能。

(2) 掌握 MM420 变频器的装卸、接线和参数设定步骤。

(3) 会设定变频器参数。

【工作任务】

通过对实践指导内容的学习以及查阅相关资料,完成以下工作任务:

(1) 根据使用要求选择合适的变频器。

(2) 根据控制要求,完成变频器的安装、接线和参数设定。

(3) 通过控制装置,验证变频器的选择与设定是否正确。

【资讯 & 计划】

认真学习本次任务中的实践指导和查阅相关参考资料,并制订完成工作任务的计划。

(1) 了解 MM420 的组成、性能和面板功能。

(2) 掌握 MM420 的安装、接线和参数设定。

【实践指导】

一、MM420 变频器的安装与接线

德国西门子股份公司研发的标准通用型变频器主要包括 MM4、MM3 系列变频器和电动机变频器一体化装置。其中,MM4 系列变频器包括 MM440 矢量型通用变频器、MM430 节能型通用变频器、MM420 基本型通用变频器和 MM410 紧凑型通用变频器四个子系列,此系列变频器也是目前市场应用较为广泛的变频器。变频器在交流电动机调速控制系统中主要有两种典型的使用方法,分别为单相交流变频调速系统和三相交流变频调速系统,如图 3-7 所示。

这里结合 YL-335B 实训设备,重点介绍 MM420 变频器的使用。

西门子 MM420 变频器是用于控制三相交流电动机速度的变频器系列,该系列有多种型号。MM420 变频器的外形如图 3-8 所示。

MM420 变频器的额定参数为:

(1) 电源电压:380 ～480 V,三相交流。

(2) 额定输出功率:0.75 kW。

(3) 额定输入电流:2.4 A。

(4) 额定输出电流:2.1 A。

(5) 外形尺寸:A 型。

(6) 操作面板:基本操作板(BOP)。

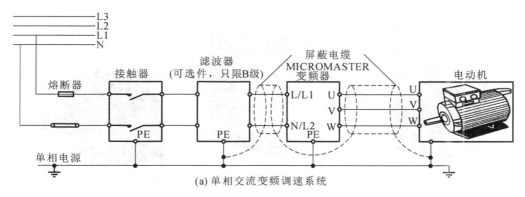

(a) 单相交流变频调速系统

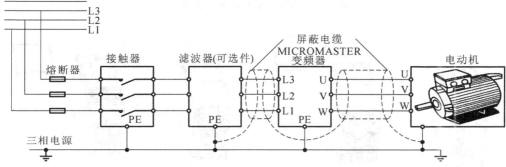

(b) 三相交流变频调速系统

图 3-7 单相、三相交流变频调速系统的结构组成

1. MM420 变频器的安装和拆卸

在工程使用中,MM420 变频器通常安装在配电箱内的 DIN 导轨上,其安装和拆卸如图 3-9 所示。

(1) 往导轨上安装变频器的步骤:

① 用导轨的上闩销把变频器固定在导轨的安装位置上;

② 向导轨上按压变频器,直到导轨的下闩销嵌入到位。

(2) 从导轨上拆卸变频器的步骤:

① 为了松开变频器的释放机构,将螺丝刀插入释放机构中;

② 向下施加压力,直至导轨的下闩销松开;

③ 将变频器从导轨上取下。

2. MM420 变频器的接线

1) 变频器接线端子及功能

图 3-8 MM420 变频器的外形

打开变频器的盖子后,其接线端子就可以连接电源和电动机了。接线端子在变频器机壳下盖板内,机壳盖板的拆卸步骤如图 3-10 所示。

西门子 MM420 变频器系列为用户提供了一系列常用的输入输出接线端子,用户可以方便地通过这些接线端子来实现相应的功能。MM420 变频器的接线端子如图 3-11 所示,这些接线端子的具体说明如下。

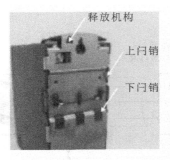
(a) 变频器背面的固定结构

(b) 在DIN导轨上安装变频器

(c) 从导轨上拆卸变频器

释放机构

上闩销

下闩销

图 3-9   MM420 变频器的安装和拆卸

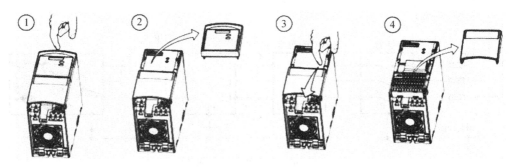

图 3-10   机壳盖板的拆卸步骤

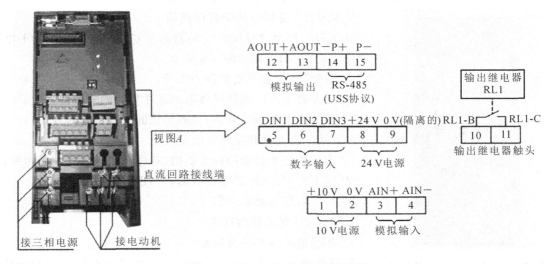

视图A

直流回路接线端

接三相电源   接电动机

| AOUT+ | AOUT- | P+ | P- |
| 12 | 13 | 14 | 15 |

模拟输出   RS-485 (USS协议)

输出继电器 RL1

| DIN1 | DIN2 | DIN3 | +24 V | 0 V(隔离的) |
| 5 | 6 | 7 | 8 | 9 |

数字输入   24 V电源

RL1-B   RL1-C
| 10 | 11 |
输出继电器触头

| +10 V | 0 V | AIN+ | AIN- |
| 1 | 2 | 3 | 4 |

10 V电源   模拟输入

图 3-11   MM420 变频器的接线端子

（1）端子 1、2。

这两个端子间为用户提供了 10 V 电压，在实际调试时，用户可以将它作为电源，供给外接的电位计使用。

（2）端子 3、4。

这两个端子是模拟量输入端，当用户需要使用外部的模拟量作为频率信号时，可将模拟量接到这两个端子上。例如：西门子 PLC 提供了 4～20 mA 模拟量信号给 MM420，通过这个信号来决定 MM420 的输出。

（3）端子 5、9。

这是一组数字量输入信号，系统默认的是电动机正转信号，用户可以通过参数 P0701 定义该信号。其中端子 5 是信号的高输入端，端子 9 是公共的 M 端。

（4）端子 6、9。

这同样是一组数字量输入信号，系统默认的是电动机反转信号，用户可以通过参数 P0702 定义该信号。其中端子 6 是信号的高输入端，端子 9 是公共的 M 端。

（5）端子 7、9。

这也是一组数字量输入信号，系统默认的是故障复位信号，主要针对 MM420 "F" 开头的故障，用户可以通过参数 P0703 定义该信号。其中端子 7 是信号的高输入端，端子 9 是公共的 M 端。

（6）端子 10、11。

这两个端子为用户提供了一组数字量输出信号，内容为 MM420 的故障状态。系统默认无故障时有输出，即高电平；有故障时无输出，即低电平。如果用户想要改变这种默认状态，可以通过参数 P0748 进行修正。

（7）端子 12、13。

这两个端子为用户提供了模拟量的输出信号，系统默认为频率信号，即变频器工作时的输出频率。

2）变频器主电路的接线

YL-335B 中 MM420 变频器的主电路电源由配电箱通过自动开关 QF 单独提供一路三相电源供给。值得注意的是，接地线 PE 必须连接到变频器接地端子，并连接到交流电动机的外壳，（＋）端子和（－）端子是直流母线正、负极端子，此处无须连接。变频器主电路接线图如图 3-12 所示，主要包括以下三个方面：

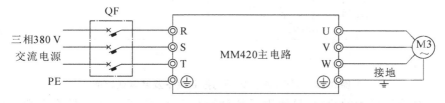

图 3-12　变频器主电路接线图

（1）电源连接。

三相工频电源连接到电源接线端子上，由于新一代通用变频器的整流器都由二极管三相桥构成，因此可以不考虑电源的相序。

（2）电动机接线。

电动机接线端子为 U、V、W，可按照转向要求调整相序。

（3）接地。

接地端子 PE 必须可靠接地，并直接与电动机接地端子相连。必须注意，进行接线时，一定不能将输入电源线接到 U、V、W 端子上。

3）变频器控制电路的接线

变频器的控制电路一般包括输入电路、输出电路和辅助接口等部分，输入电路接收控制器(PLC)的指令信号(开关量或模拟量信号),输出电路输出变频器的状态信息(正常时的开关量或模拟量输出、异常输出等),辅助接口包括通信接口、外接键盘接口等。

通用变频器是一种智能设备,其特点之一就是各端子的功能可通过调整相关参数的值进行变更。图 3-13 给出了 YL-335B 所使用的 MM420 变频器的控制端子及其默认功能。

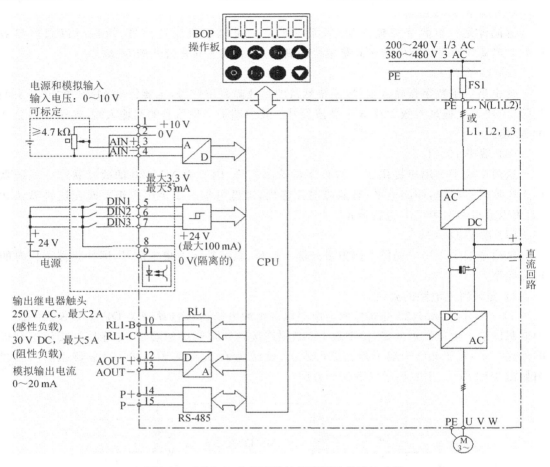

图 3-13　MM420 变频器的控制端子及其默认功能

YL-335B 分拣单元的运行,只使用了部分控制端子:①通过开关量输入端子接收 PLC 的启动/停止、正反转等命令信号;②通过模拟量输入端子接收 PLC 的频率指令;③通过模拟量输出端子输出变频器当前的频率或电流、电压等状态信息。

分拣单元的调速控制,也可以利用几个开关量端子的通断状态组合提供多段频率指令。实际工程中,多段速控制也是一种常用的调速控制方式,本项目的调速控制则主要使用操作面板控制和多段速控制两种方式。

二、MM420 变频器在 YL-335B 中的设定要求

通用变频器一般都提供数百WH乃至数千个参数供用户选用,通过参数设置赋予变频器一定的功能,以满足调速系统的运行要求。变频器参数的出厂设定值仅能完成简单的变速运行。如参数出厂设定值不能满足负载和操作要求,则要重新设定参数。实际工程中,只需要设定变频器的部分参数,就能满足控制要求。

根据 YL-335B 分拣单元的工作特点可知,变频器所需设定的参数不多,并且都是常用的基本参数。本项目仅对变频器所需设置的参数的含义加以说明。

1. 变频器命令源和频率源的设定

设定变频器运行的命令源以及设定变频器频率的频率源的相关参数,都是变频器运行前必须加以设置的重要参数。YL-335B 通常在安装调试过程中通过操作面板发出启动和停止命令,指定运行频率;在运行过程中则通过外部端子排接收 PLC 发出的控制命令和频率设定值。

2. 变频器运行频率范围的设定

由于工艺过程的要求或设备的限制,调速系统需要对变频器运行的最高频率和最低频率加以限制,即当频率设定值高于最高频率(上限频率)或低于最低频率(下限频率)时,输出频率将被嵌位,如图 3-14 所示。一般情况下,YL-335B 自动化生产线要求变频器对应的上限频率参数值设置为 50 Hz,下限频率参数值设定为 0 Hz。

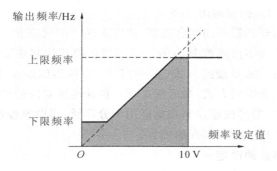

图 3-14 输出频率与设定频率之间的关系

3. 变频器启动、制动及加减速参数的设定

电动机启动、制动和加减速过程是动态过程,通常用加、减速时间来表征。加速时间参数用来设定从停止状态加速到加减速基准频率时的加速时间。减速时间用来设定从加减速基准频率到停止的减速时间。加减速参数设定说明如图 3-15 所示。从图中可以看出,若要求变频器运行频率为小于 50 Hz 的某一值,则实际的加减速时间显然小于设定值。

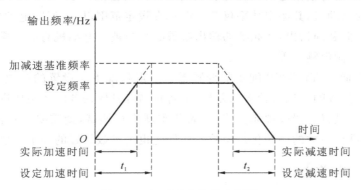

图 3-15 加减速参数设定说明

不同的变频器,对加减速基准频率的定义有所区别,但相关参数的默认值均为 50 Hz,在 YL-335B 自动化生产线的调试中一般不需要重新设置。必须设置的参数是加速时间和减速时间,其中,减速时间(下降时间)的设置对分拣单元传送带运行中工件的准确定位有着至关重要的意义。

实际工程中,如果设定的加速时间太短,有可能导致变频器过电流跳闸;如果设定的减速时间太短,则可能导致变频器过电压跳闸。不过 YL-335B 分拣单元中变频器的容量远大于所驱动电动机的容量,即使上述两个参数设置得很小(例如 0.2 s),也不至于出现变频器故障跳闸情况,但必须牢记加减速时间不宜设置过短。另外值得注意的是,在频繁启动、停止,且加速时间和减速时间很短时,可能出现电动机过热现象。

4. 变频器输出频率的设定

1)通过模拟电压输入信号设定频率

YL-335B 分拣单元变频器的频率设定,主要以模拟量输入信号设定为主。例如在触摸屏上指定变频器的频率,则此频率是在某一范围内随机给定的。这时 PLC 将向变频器输出模拟量信号,因此需设置使变频器模拟输入端与 PLC 输出的模拟信号相匹配的参数。

2)用多段速控制功能控制输出频率

变频器通过外接的开关器件的组合通断,使输入端子的状态发生改变来实现变频调速,这种控制频率的方式称为多段速控制功能。要实现多段速控制功能,首先必须指定变频器的频率源为外部端子输入的多段速方式(在 MM420 中称为固定频率方式),其次要指定这些外部端子的功能或组合编码方式,最后指定每一段速度所对应的输出频率。

实际工程中,变频器的多段速控制功能应用十分广泛,多段速控制功能的相关知识点和技能点是变频器技术使用中必须掌握的内容。

5. 控制端子功能参数的设定

YL-335B 自动化生产线分拣单元控制电路的接线,最多可以将变频器的 4 个数字量输入端子与 PLC 的数字量输出端子相连接,如果被连接端子的当前功能不能满足控制要求,就需要重新设置该控制端子的功能参数。

6. 被驱动电动机的主要额定运行参数与变频器相匹配参数的设定

一般情况下,应按照被控电动机的铭牌参数进行变频器的电动机配置,如果铭牌参数在设定范围内,变频器将根据电动机配置参数确定其控制性能。但 YL-335B 自动化生产线分拣单元所配置的电动机,其额定功率仅 25 W,远在设定范围以外,配置电动机参数并没有明显的作用效果。但必须指出,变频器的输出参数必须与被控电动机有关参数相匹配,例如电动机的额定电压、额定频率等。

上述六个方面是 YL-335B 配置的变频器在一般情况下需设置的参数。不同变频器具体参数的访问和修改的方法有较大的差异,笔者将结合具体任务的实施作进一步说明。

此外,若参数设置有误或被非法修改,希望重新进行调试,则需要进行清除设置或恢复出厂值设置,以进行参数的初始化。参数的初始化也是参数设置的一个重要环节。

【决策 & 实施】

根据控制系统的具体要求,自主完成以下工作任务:

(1)根据变频器的型号,了解变频器操作面板的组成与功能。

(2)根据控制需求,完成变频器参数的设定和调节。

(3)通过控制装置,验证所设定的变频器参数是否符合使用要求。

【实践指导】

一、MM420 变频器操作面板的使用

MM420(MICROMASTER420)是用于控制三相交流电动机速度的变频器系列。该系列有多种型号,从单相电源电压 AC 200～240 V、额定功率 120 W 到三相电源电压 AC 200～240 V/AC 380～480 V、额定功率 11 kW。其操作面板有 3 种形式,分别为状态显示面板(SDP)、基本操作面板(BOP)和高级操作面板(AOP),如图 3-16 所示。在变频调速系统中,利用状态显示面板和制造厂的默认设置值,就可以使变频器投入运行;如果制造厂的默认设置值不适合所控对象的运行情况,可以利用基本操作面板或高级操作面板进行参数修改。

(a) 状态显示面板(SDP)

(b) 基本操作面板(BOP)

(c) 高级操作面板(AOP)

图 3-16 MM420 变频器的操作面板

YL-335B 自动化生产线所使用的 MM420 变频器采用了基本操作面板。BOP 面板具有七段显示的五位数字,可以显示参数的序号和数值、报警和故障信息,以及设定值和实际值。参数的信息不能用 BOP 面板存储。

基本操作面板备有 Fn、P、Jog 等共 8 个按键,表 3-1 给出了这些按键的功能。

表 3-1 基本操作面板上的按键及其功能

显示/按键	功　能	功　能　说　明
r 0000	状态显示	LCD 显示变频器当前的设定值
I	启动变频器	按此键启动变频器。缺省值运行时,此键是被封锁的。为了使此键的操作有效,应设定 P0700＝1
0	停止变频器	OFF1:按此键,变频器将按选定的斜坡下降速率减速停车。缺省值运行时,此键被封锁。为了使此键的操作有效,应设定 P0700＝1。 OFF2:按此键两次(或一次,但时间较长),电动机将在惯性作用下自由停车。此功能总是"使能"的
⟳	改变电动机的转动方向	按此键可以改变电动机的转动方向,电动机反向转动时,用负号表示或用闪烁的小数点表示。缺省值运行时,此键是被封锁的。为了使此键的操作有效,应设定 P0700＝1

续表

显示/按键	功 能	功 能 说 明
(jog)	电动机点动	在变频器"运行准备就绪"状态下按此键,电动机启动,并按预先设定的点动频率运行。释放此键时,变频器停车。如果变频器/电动机正在运行,按此键将不起作用
(Fn)	功能	此键用于浏览辅助信息。变频器运行过程中,在显示任何一个参数时按下此键并保持不动 2 s,将显示以下参数的值: ① 直流回路电压/V; ② 输出电流/A; ③ 输出频率/Hz; ④ 输出电压/V; ⑤ 由 P0005 选定的数值(如果 P0005 选择显示上述参数中的任何一个,这里将不再显示)。 连续多次按下此键,将轮流显示以上参数。 跳转功能:在显示任何一个参数(r××××或 P××××)时,短时间按下此键,将立即跳转到 r0000,如果需要的话,用户可以接着修改其他的参数。跳转到 r0000 后,按此键将返回原来的显示点
(P)	访问参数	按此键即可访问参数
(▲)	增加数值	按此键即可增加面板上显示的参数数值
(▼)	减少数值	按此键即可减少面板上显示的参数数值

二、MM420 变频器的参数设定

1. MM420 变频器参数的分类

MM420 变频器参数可以分为显示参数和设定参数两大类。显示参数为只读参数,以 r×××× 表示,典型的显示参数有频率给定值、实际输出电压、实际输出电流等。

设定参数为可读写的参数,以 P×××× 表示。设定参数可以通过基本操作面板、高级操作面板或串行通信接口进行修改,从而使变频器实现一定的控制功能。

[?] 表示该参数是一个带下标的参数,并且指定了下标的有效序号。通过下标,可以对同一参数的用途进行扩展,或对不同的控制对象自动改变所显示的或所设定的参数。

2. MM420 变频器参数的设置方法

通过基本操作面板可以修改和设定系统参数,使变频器具有期望的特性,例如斜坡时间、最小和最大频率等。选择的参数号和设定的参数值在五位数字的 LCD 上显示。

更改参数数值的步骤可大致归纳为:

（1）查找所选定的参数号；

（2）进入参数值访问级，修改参数值；

（3）确认并存储修改好的参数值。

参数过滤器（参数 P0004）的作用是根据所选定的一组功能，对参数进行过滤（或筛选），并集中对过滤出的一组参数进行访问，从而可以更方便地进行调试。参数 P0004 可能的设定值如表 3-2 所示，缺省的设定值为 0。

表 3-2　参数 P0004 可能的设定值

设 定 值	所指定参数值意义	设 定 值	所指定参数值意义
0	全部参数	12	驱动装置的特征
2	变频器参数	13	电动机的控制
3	电动机参数	20	通信
7	命令，二进制 I/O	21	报警／警告／监控
8	模-数转换和数-模转换	22	工艺参量控制器（例如 PID）
10	设定值通道/ RFG（斜坡函数发生器）		

假设参数 P0004 的设定值为 0，需要把该设定值改为 3，则改变设定值的步骤如表 3-3 所示。

表 3-3　改变参数 P0004 设定值的步骤

序 号	操 作 内 容	显示的结果
1	按 P 访问参数	r0000
2	按 ▲ 直到显示出 P0004	P0004
3	按 P 进入参数值访问级	0
4	按 ▲ 或 ▼ 达到所需要的数值	3
5	按 P 确认并存储参数的数值	P0004
6	使用者只能看到命令参数	

3. MM420 变频器的参数访问

MM420 变频器有数千个参数，为了能快速访问指定的参数，MM420 采用把参数分类，屏蔽(过滤)不需要访问的参数类别的方法来实现。

下面几个参数用于实现参数过滤功能：

(1) 参数 P0004 就是实现参数过滤功能的重要参数。当完成了 P0004 的设定以后再进行参数查找时，在 LCD 上只能看到 P0004 设定值所指定类别的参数。

(2) 参数 P0010 用于调试参数过滤器，只对与调试相关的参数进行过滤，筛选出那些与特定功能组有关的参数。参数 P0010 的设定值及说明如表 3-4 所示。

表 3-4　参数 P0010 的设定值及说明

设定值	参 数 意 义	备　　注
0	准备	
1	快速调试	
2	变频器	在变频器投入运行前，应将参数 P0010 复位为 0
29	下载	
30	制造厂的默认设定值	

(3) 参数 P0003 用于定义用户访问参数组的等级，其设置说明如表 3-5 所示。

表 3-5　参数 P0003 的设置说明

设定值	参 数 意 义	备　　注
0	用户定义的参数表	
1	标准级：可以访问经常使用的参数	
2	扩展级：允许扩展访问参数的范围，例如变频器的 I/O 功能	YL-335B 中参数 P0003 被预设为 3
3	专家级：只供专家使用	
4	维修级：只供授权的维修人员使用，具有密码保护	

参数 P0003 缺省设置为 1(标准级)，对于大多数简单的应用对象，采用标准级就可以满足要求了。用户可以修改设置值，但建议不要设置为 4(维修级)，因为用 BOP 或 AOP 面板看不到第四访问级的参数。

4. 变频器基本功能的参数设定举例

【例 3-1】　将变频器复位为工厂的缺省设定值。

如果用户在参数调试过程中遇到问题，并且希望重新开始调试，通常采用先把变频器的全部参数复位为工厂的缺省设定值，再重新调试的方法。为此，应按照下面的数值设定参数：

① 设定 P0010＝30；

② 设定 P0970＝1。

按下 (P) 键，便开始参数的复位。变频器将自动把所有参数都复位为缺省设置值。参数复位为工厂缺省设置值的时间大约要 60 s。

【例 3-2】　用 BOP 面板进行变频器的快速调试。

快速调试包括电动机和斜坡函数的参数设定。此外，电动机参数的修改，仅当快速调试时有效。在进行快速调试以前，必须完成变频器的机械和电气安装。当选择 P0010＝1 进行快速调试时,对应地,YL-335B 上选用的电动机(型)的参数设置表如表 3-6 所示。为方便理解与记忆,表 3-6 中的参数号与电动机铭牌的对应关系如图 3-17 所示。

表 3-6　电动机的参数设置表

参数号	出厂值	设置值	功能说明
P0003	1	1	设定用户访问级为标准级
P0010	0	1	快速调试
P0100	0	0	设置使用地区,0=欧洲,功率以 kW 表示,频率为 50 Hz
P0304	400	380	电动机额定电压/V
P0305	1.90	0.18	电动机额定电流/A
P0307	0.75	0.03	电动机额定功率/kW
P0310	50	50	电动机额定频率/Hz
P0311	1 395	1 300	电动机额定转速/(r/min)

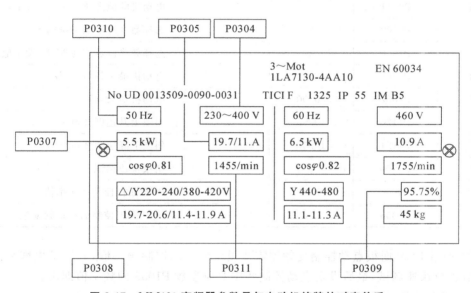

图 3-17　MM420 变频器参数号与电动机铭牌的对应关系

快速调试的进行与参数 P3900 的设定值有关,当其被设定为 1 时,快速调试结束后,要完成必要的电动机计算,并使其他所有的参数(P0010=1 不包括在内)复位为工厂的缺省设置值,同时变频器已做好运行准备。

【例 3-3】 用 BOP 面板实现变频器控制驱动电动机。

实现 BOP 面板控制变频器的必要条件是:

(1) 确保命令信号源来自于 BOP 面板(键盘),即 P0700=1;

(2) 确保频率设定值为电动电位差计设定值,即 P1000=1。

然后设定电动机运行频率:

(1) 通过 BOP 面板控制变频器需要设定的输出控制频率值,先参照表 3-7,设定 P0010 =30,P0970=1,将全部参数恢复为工厂设置的默认值,然后完成快速调试,其中将输出控制频率值对应的参数 P1040 设定成所需值即可。

表 3-7　MM420 变频器参数设置

序　号	参　数　号	出　厂　值	设　定　值	设 定 值 说 明
1	P0010	0	30	工厂的默认设定值
2	P0970	0	1	恢复出厂值
3	P0003	1	3	专家级:只供专家使用
4	P0004	0	0	全部参数
5	P0010	0	1	快速调试
6	P0100	0	0	欧洲,频率默认值 50 Hz
7	P0304	230	380	电动机的额定电压 380 V
8	P0305	325	0.17	电动机的额定电流 0.17 A
9	P0307	0.75	0.03	电动机的额定功率 30 W
10	P0310	50	50	电动机的额定频率 50 Hz
11	P0311	0	1 500	电动机的额定速度 1 500 r/min
12	P0700	2	2	选择命令源由端子排输入
13	P1000	2	1	选择频率设定值为 MOP 设定值
14	P1080	0.00	0	电动机最小频率 0 Hz
15	P1082	50.00	50	电动机最大频率 50 Hz
16	P1120	10.00	2	斜坡上升速度 2 m/s
17	P1121	10.00	2	斜坡下降速度 2 m/s
18	P3900	0	1	结束快速调试
19	P1040	5.00	10	BOP 面板控制的频率值
20	P1058	5.00	10	BOP 面板控制的点动频率值

（2）通过 BOP 面板点动控制变频器需要设定的点动控制频率值,方法是先恢复出厂设置,然后进行快速调试,最后设定点动控制频率对应参数 P1058 的频率值即可。

5.常用参数的设置说明

1）命令信号源的选择（P0700）和频率设定值的选择（P1000）

（1）P0700:这一参数用于指定命令源,可能的设定值如表 3-8 所示,缺省值为 2。

表 3-8　P0700 可能的设定值

设 定 值	所指定参数值意义	设 定 值	所指定参数值意义
0	工厂的缺省设置	4	通过 BOP 链路的 USS 设置
1	BOP(键盘)设置	5	通过 COM 链路的 USS 设置
2	由端子排输入	6	通过 COM 链路的通信板(CB)设置

注意:当改变这一参数时,同时会使所选项目的全部设置值复位为工厂的缺省设置值。例如:把 P0700 的设定值由 1 改为 2 时,所有的数字输入值都将复位为缺省设置值。

（2）P1000:这一参数用于选择频率设定值的信号源。其设定值范围为 0～66,缺省设置值为 2。实际上,当设定值≥10 时,频率设定值将来源于两个信号源的叠加,其中,主设定值由最低一位数字(个位数)来选择(即 0~6),而附加设定值由最高一位数字(十位数)来选择(即 $x0~x6$,其中 $x=1~6$)。P1000 的设定值如表 3-9 所示。

表 3-9 P1000 的设定值

设 定 值	所指定参数值意义
0	无主设定值
1	MOP(电动电位差计)设定值。取此值时,通过基本操作面板(BOP)的按键指定输出频率
2	模拟设定值:输出频率由 3、4 端子两端的模拟电压(0~10 V)设定
3	固定频率值:输出频率由数字输入端子 DIN1~DIN3 的状态指定。用于多段速控制
4	通过 COM 链路的 USS 设定值,即通过按 USS 协议连接的串行通信线路设定输出频率

2)电动机速度的连续调整

变频器的参数为出厂缺省值时,命令源参数 P0700=2,指定命令源为"外部 I/O";频率设定值参数 P1000=2,指定频率设定值信号源为"模拟量输入"。这时,只需在 AIN+端与 AIN-端之间加上模拟电压(DC 0~10 V 可调),并使数字输入 DIN1 信号为"ON",即可启动电动机并实现电动机速度连续调整。

(1)模拟电压信号从变频器内部 DC 10 V 电源获得。

按图 3-13 所示的接线原理,用一个 4.7 K 电位器连接内部电源+10 V 端(端子 1)和 0 V 端(端子 2),中间抽头与 AIN+(端子 3)相连。主电路连接好后接通电源,使 DIN1 端子的开关通/断,即可启动/停止变频器,旋动电位器即可改变频率,从而实现电动机速度连续调整。

电动机速度调整范围:上述电动机速度的调整操作中,电动机的最低速度取决于参数 P1080(最低频率),最高速度取决于参数 P2000(基准频率)。

参数 P1080 属于"设定值通道"参数组(P0004=10),缺省值为 0.00 Hz。

参数 P2000 是串行链路,模拟 I/O 和 PID 控制器采用的满刻度频率设定值,属于"通信"参数组(P0004=20),缺省值为 50.00 Hz。

如果缺省值不满足电动机速度调整范围的要求,就需要调整 P1080、P2000 这两个参数的值。另外需要指出的是,如果要求最高速度高于 50.00 Hz,则设定与最高速度相关的参数值时,除了设置参数 P2000 外,尚须设置参数 P1082(最高频率)。

参数 P1082 也属于"设定值通道"参数组(P0004=10),缺省值为 50.00 Hz。即参数 P1082 限制了电动机运行的最高频率。因此在要求最高速度高于 50.00 Hz 的情况下,需要修改 P1082 参数值。

电动机运行中加、减速度的快慢,可分别用斜坡上升时间和斜坡下降时间表征,分别由参数 P1120、P1121 设定。这两个参数均属于"设定值通道"参数组,并且可在快速调试时设定。

P1120 的值是斜坡上升时间,即电动机从静止状态加速到最高频率(P1082)所用的时间。设定范围为 0~650 s,缺省值为 10 s。

P1121 的值是斜坡下降时间,即电动机从最高频率(P1082)减速到停车静止所用的时间。设定范围为 0~650 s,缺省值为 10 s。

注意:如果设定的斜坡上升时间太短,有可能导致变频器过电流跳闸;同样,如果设定的斜坡下降时间太短,有可能导致变频器过电流或过电压跳闸。

(2) 模拟电压信号由外部给定,电动机可正反转。

参数 P0700(命令源选择)、P1000(频率设定值选择)应为缺省设置值,即 P0700＝2(由端子排输入),P1000＝2(模拟输入)。从模拟输入端 AIN＋和 AIN－输入来自外部的 0～10 V 直流电压(例如从 PLC 的 D/A 模块获得),即可连续调节输出频率的大小。

用数字输入端子 DIN1 和 DIN2 控制电动机的正反转方向,可通过设定参数 P0701、P0702 的值来实现。例如,使 P0701＝1(DIN1 为 ON 时接通正转,为 OFF 时停止正转),P0702＝2(DIN2 为 ON 时接通反转,为 OFF 时停止反转)。

3) 多段速控制

当变频器的命令源参数 P0700＝2(外部 I/O),选择频率设定值的信号源参数 P1000＝3(固定频率),并设定数字输入端子 DIN1、DIN2、DIN3 等的相应功能后,就可以通过外接开关器件的组合通断改变输入端子的状态,从而实现电动机速度的有级调整。这种控制频率的方式称为多段速控制功能。

选择数字输入 1(DIN1)功能的参数为 P0701,缺省值为 1;

选择数字输入 2(DIN2)功能的参数为 P0702,缺省值为 12;

选择数字输入 3(DIN3)功能的参数为 P0703,缺省值为 9。

为了实现多段速控制功能,应该修改 P0701、P0702、P0703 这 3 个参数的值,给 DIN1、DIN2、DIN3 端子赋予相应的功能。

参数 P0701、P0702、P0703 均属于"命令,二进制 I/O"参数组(P0004＝7),它们可能的设定值如表 3-10 所示。

表 3-10 参数 P0701、P0702、P0703 可能的设定值

设 定 值	所指定参数值意义	设 定 值	所指定参数值意义
0	禁止数字输入	13	MOP(电动电位计)升速(增加频率)
1	接通正转/停车命令 1	14	MOP 降速(减少频率)
2	接通反转/停车命令 1	15	固定频率设定值(直接选择)
3	按惯性自由停车	16	固定频率设定值(直接选择＋ON 命令)
4	按斜坡函数曲线快速降速停车	17	固定频率设定值(二进制编码的十进制数(BCD 码)选择＋ON 命令)
9	故障确认	21	机旁/远程控制
10	正向点动	25	直流电注入制动
11	反向点动	29	由外部信号触发跳闸
12	反转	33	禁止附加频率设定值
		99	使能 BICO 参数化

由表 3-10 可见,参数 P0701、P0702、P0703 的设定值取为 15、16、17 时,选择固定频率的方式决定了输出频率(FF 方式)。

① 直接选择(P0701-P0703＝15)。

在这种操作方式下,一个数字输入选择一个固定频率。如果有几个固定频率输入同时被激活,则选定的频率是它们的总和,例如:FF1+FF2+FF3。在这种方式下,还需要一个"ON"命令才能使变频器投入运行。

② 直接选择+ON 命令(P0701-P0703=16)。

选择固定频率时,既有选定的固定频率,又有 ON 命令,把它们组合在一起。在这种操作方式下,一个数字输入选择一个固定频率。如果有几个固定频率输入同时被激活,则选定的频率是它们的总和,例如:FF1+FF2+FF3。

③ 二进制编码的十进制数(BCD 码)选择+ON 命令(P0701-P0703=17)。

使用这种操作方式最多可以选择 7 个固定频率。

各个固定频率的数值选择如表 3-11 所示。

表 3-11　各个固定频率的数值选择

参 数 号	FF 方式	DIN3	DIN2	DIN1
不激活	—	OFF	不激活	不激活
P1001	FF1	不激活	不激活	激活
P1002	FF2	不激活	激活	不激活
P1003	FF3	不激活	激活	激活
P1004	FF4	激活	不激活	不激活
P1005	FF5	激活	不激活	激活
P1006	FF6	激活	激活	不激活
P1007	FF7	激活	激活	激活

综上所述,实现多段速控制的参数设置步骤如下:

(1) 设置 P0004=7,选择"外部 I/O"参数组,然后设置 P0700=2,指定命令源为"由端子排输入"。

(2) 设置 P0701、P0702、P0703=15~17,确定数字输入 DIN1、DIN2、DIN3 的功能。

(3) 设置 P0004=10,选择"设定值通道"参数组,然后设置 P1000=3,指定频率设置值信号源为固定频率。

(4) 设定相应的固定频率值,即设置参数 P1001~P1007 的有关对应项。

例如,若要求电动机能实现正反转和高、中、低三种转速的调整,高速时运行频率为 45 Hz,中速时运行频率为 25 Hz,低速时运行频率为 15 Hz,则变频器参数调整的步骤如表 3-12 所示。

表 3-12　变频器参数调整的步骤

步 骤 号	参 数 号	出 厂 值	设 置 值	说　　明
1	P0003	1	1	设定用户访问级为标准级
2	P0004	0	7	命令组为命令和数字 I/O
3	P0700	2	2	命令源选择"由端子排输入"
4	P0003	1	2	设定用户访问级为扩展级

步 骤 号	参 数 号	出 厂 值	设 置 值	说 明
5	P0701	1	16	DIN1功能设定为固定频率设定值(直接选择+ON)
6	P0702	12	16	DIN2功能设定为固定频率设定值(直接选择+ON)
7	P0703	9	12	DIN3功能设定为接通时反转
8	P0004	0	10	命令组为设定值通道和斜坡函数发生器
9	P1000	2	3	频率给定输入方式设置为固定频率设定值
10	P1001	5	15	固定频率1
11	P1002	15	25	固定频率2
12	P1003	25	45	固定频率3

设置上述参数后,将DIN1置为高电平,DIN2置为低电平,变频器输出15 Hz(低速);将DIN1置为低电平,DIN2置为高电平,变频器输出25 Hz(中速);将DIN1置为高电平,DIN2置为高电平,变频器输出45 Hz(高速);将DIN3置为高电平,电动机反转。

【检查 & 评价】

根据工作任务要求,参照表3-13,检查每一个工作任务是否完成或掌握,对于存在的问题或故障,查阅设备使用说明资料,分析故障原因并进行故障排除。

表 3-13 工作任务完成情况统计分析表 3

学 习 对 象	工作任务内容	是否完成/掌握	存在的问题及其分析与解决方法
MM420 变频器	MM420 变频器技术参数	是/否	
	MM420 变频器的安装	是/否	
	MM420 变频器端子的功能	是/否	
	MM420 变频器主电路接线	是/否	
	BOP 操作面板按键功能	是/否	
	BOP 操作面板参数设定步骤	是/否	
	常见参数功能(P0003、P0004、P0010、P0700、P1000、P1040、P1058 等)	是/否	
	恢复出厂设置、快速调试、PLC控制模式	是/否	

项目 4

伺服驱动控制技术

伺服控制系统最初用于船舶的自动驾驶、火炮控制和指挥仪中,因为其具有可以用小功率指令信号控制大功率负载;在没有机械连接的情况下,由输入轴控制位于远处的输出轴,实现远距离同步传动;可以使输出机械位移精确地跟踪电信号等优点,所以后来逐渐被推广到很多领域,特别是在数控机床、天线位置控制、导弹和飞船的制造等方面得到快速发展,在自动化生产线中的应用也非常广泛。

◀ 任务 1 熟悉交流伺服驱动系统 ▶

【能力目标】

(1) 了解伺服电动机的工作原理、组成、分类及特点。
(2) 了解伺服驱动器的作用与控制方式。
(3) 掌握伺服驱动系统的组成与接线方法。

【工作任务】

通过对后面内容的学习,回答以下问题:
(1) 伺服电动机通常分成哪几类? 各有什么特点?
(2) 何为伺服驱动系统? 其有哪些应用?
(3) 伺服驱动器有哪些常见的控制方式?

【相关知识】

一、伺服电动机的分类及特点

1. 伺服电动机的种类

伺服电动机又称为执行电动机,其外形结构如图 4-1 所示,在自动控制系统中,伺服电动机用作执行元件,把所接收到的电信号转换成电动机轴上的角位移或角速度输出,以带动控制对象。伺服电动机分为直流伺服电动机和交流伺服电动机两大类,交流伺服电动机又分为异步伺服电动机和同步伺服电动机。

无论是伺服领域还是调速领域,目前交流系统正在逐渐取代直流系统。与直流伺服电动机相比,交流伺服电动机具有可靠性高、散热好、转动惯量小、能工作于高压状态下等优点。因为无电刷和换向器,故交流伺服系统也称为无刷伺服系统,用于其中的电动机是无刷结构的笼型异步伺服电动机和永磁同步伺服电动机。各类型伺服电动机的性能比较如表 4-1所示。

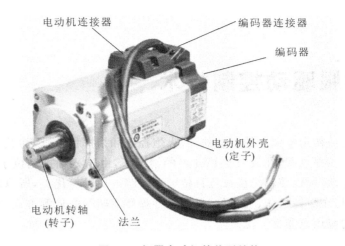

图 4-1 伺服电动机的外形结构

表 4-1 各类型伺服电动机的性能比较

项目 \ 类型	直流伺服电动机	交流永磁同步伺服电动机	交流异步伺服电动机
结构	复杂	比较简单	简单
最大转矩约束	永磁体去磁	无特殊要求	火花、永磁体去磁
高速化	困难	比较容易	容易
发热情况	转子发热	定子发热	定子、转子均发热
制动	容易	容易	困难
大容量化	困难	稍微困难	容易
环境适应程度	好	好	受火花限制
控制办法	简单	稍微复杂	复杂
维护性	较麻烦	不需维护	需维护

2. 伺服电动机的特点

伺服电动机的最大特点：只要有控制信号输入，伺服电动机就转动；没有控制信号输入时，伺服电动机就停止转动。改变控制电压的大小和相位（或极性），从而改变伺服电动机的转速和转向。除此之外，伺服电动机还有以下特点。

（1）调速范围宽，可改变控制电压，要求伺服电动机的转速在大范围内连续调节。

（2）线性的机械特性和调节特性有利于提高控制系统的精度。

（3）伺服电动机的机电时间常数较小，而它的堵转转矩较大，转动惯量较小，改变控制电压时电动机的转速能快速响应。

（4）控制功率小，过载能力强，可靠性好。

二、交流伺服电动机的结构组成及工作原理

1. 交流伺服电动机的结构组成

传统的交流伺服电动机是指单相伺服电动机，主要由定子、转子及测量转子位置的位置

传感器构成,如图 4-2 所示。定子和转子采用三相对称绕组结构,它们的轴线在空间彼此相差 120°。位置传感器一般为光电编码器或旋转变压器。

定子铁芯中安放着在空间互成 90° 电角度的两相绕组,如图 4-3 所示,其中一相为励磁绕组,运行时接至电压为 U_f 的交流电源上;另一相为控制绕组,输入控制电压 U_c,电压 U_c 和 U_f 的频率相同。

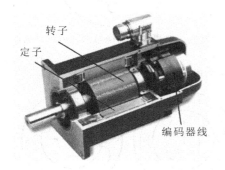

图 4-2 伺服电动机的结构组成

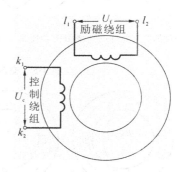

图 4-3 伺服电动机定子的电气原理图

伺服电动机内部的转子是永磁铁,分为笼型转子和杯型转子两种,如图 4-4 所示。交流伺服电动机驱动器控制的 U/V/W 三相电压形成电磁场,转子在此电磁场的作用下转动,同时电动机自带的编码器反馈信号给驱动器,驱动器将反馈值与目标值进行比较,根据需要调整转子转动的角度。

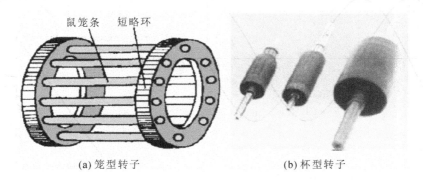

(a) 笼型转子   (b) 杯型转子

图 4-4 伺服电动机转子类型

2. 交流伺服电动机的工作原理

1) 交流伺服电动机旋转磁场的产生

为了分析方便,先假定励磁绕组有效匝数与控制绕组有效匝数相等。这种在空间互差 90° 电角度,有效匝数又相等的两个绕组称为对称两相绕组。同时,又假定通入励磁绕组的电流 i_f 与通入控制绕组的电流 i_c 在相位上相差 90°,幅值相等,这样的两个电流称为两相对称电流,如图 4-5 所示。

当两相对称电流通入两相对称绕组时,在电动机内就产生了一个旋转磁场。当电流变化了一个周期时,旋转磁场在空间转了一圈,如图 4-6 所示。

2) 交流伺服电动机旋转磁场的方向

交流伺服电动机的旋转方向是由定子中控制绕组的电流方向决定的,如图 4-7 和图 4-8

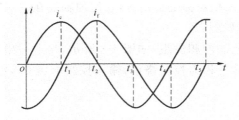

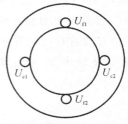

(a) 励磁绕组与控制绕组内的电流关系图   (b) 励磁绕组和控制绕组内的电流剖面图

图 4-5　交流伺服电动机定子内的电流关系

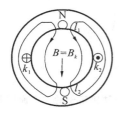 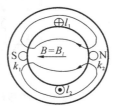 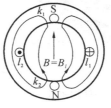 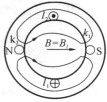

图 4-6　交流伺服电动机旋转磁场的产生过程

所示,励磁绕组中电流 i_f 的方向保持不变,而控制绕组中电流 i_c 的方向与 i_f 的相反,即两者的相位相差 180°,此时伺服电动机转子的旋转方向就相反了。

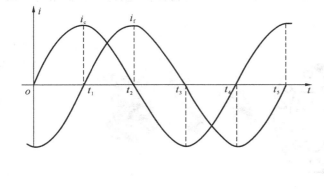 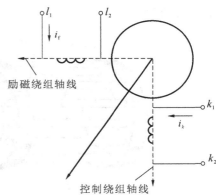

图 4-7　交流伺服电动机旋转磁场为正方向

3）交流伺服电动机旋转磁场的速度

旋转磁场的转速取决于定子绕组极对数和电源的频率。一台两极电动机的极对数 P=1。对两极电动机而言,电流每变化一个周期,磁场旋转一圈,因而当电源频率 $f=400$ Hz,即电流每秒变化 400 个周期时,磁场每秒应当转 400 圈,故对两极电动机而言,旋转磁场的转速为:

$$n_0 = 24\,000 \text{ r/min}$$

旋转磁场转速的一般表达式为:

$$n_0 = \frac{f}{p}(\text{r/s}) = \frac{60f}{p}(\text{r/min})$$

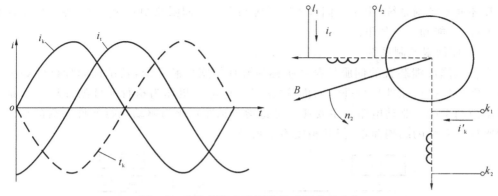

图 4-8 交流伺服电动机旋转磁场为反方向

三、伺服控制系统

伺服控制系统是所有机电一体化设备的核心,它的基本设计要求是输出量能迅速而准确地响应输入指令的变化,如机械手控制系统的目标是使机械手能够按照指定的轨迹运动。这种输出量以一定准确度随时跟踪输入量(指定目标)变化的控制系统称为伺服控制系统,因此,伺服控制系统也称为随动系统或自动跟踪系统。它是以机械量,如位移、速度、加速度、力、力矩等作为被控量的一种自动控制系统。

1. 伺服控制系统的组成

从自动控制理论的角度来分析,伺服控制系统一般包括控制器、被控对象、执行环节、检测环节、比较环节等五部分,如图 4-9 所示。

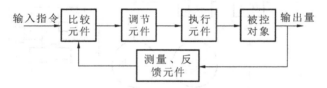

图 4-9 伺服控制系统的组成原理框图

比较环节是将输入的指令信号与系统的反馈信号进行比较,以获得输出与输入间偏差信号的环节,通常由专门的电路或计算机来实现。

控制器是伺服控制系统里面的调节元件,通常是计算机或 PID(比例-积分-微分)控制电路,其主要任务是对比较元件输出的偏差信号进行变换处理,以控制执行元件按要求动作。

执行环节的作用是按控制信号的要求,将输入的各种形式的能量转换成机械能,驱动被控对象工作。

被控对象是指被控制的机构或装置,是直接完成系统目的的主体。被控对象一般包括传动系统、执行装置和负载。

检测环节是指能够对输出信号进行测量并将其转换成比较环节所需的量纲的装置,一般包括传感器和转换电路。

在实际的伺服控制系统中,上述每个部分在硬件特征上并不成立,可能有些部分在一个硬件,如测速直流电动机中,既是执行元件又是检测元件。

2. 伺服控制系统的分类

根据伺服控制系统组成中是否存在检测环节以及检测环节所在位置,伺服控制系统可分为开环伺服控制系统、半闭环伺服控制系统和全闭环伺服控制系统三类,各类伺服控制系统的组成、功能和特点如下。

1)开环伺服控制系统

没有检测反馈装置的伺服控制系统称为开环伺服控制系统,其结构原理框图如图 4-10 所示。常用的执行元件是步进电动机,通常以步进电动机作为执行元件的开环系统是步进式伺服控制系统。驱动电路的主要任务是将指令脉冲转化为驱动执行元件所需的信号。开环伺服控制系统的结构简单,但其精度不是很高。

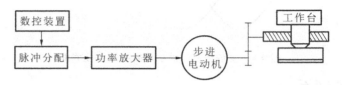

图 4-10   开环伺服控制系统的结构原理框图

2)半闭环伺服控制系统

通常把检测元件安装在电动机轴端的伺服控制系统称为半闭环伺服控制系统,其结构原理框图如图 4-11 所示。它与全闭环伺服控制系统的区别在于其检测元件位于系统传动链的中间,工作台的位置通过电动机上的传感器或安装在丝杆轴端的编码器间接获得。

由于一部分传动链在系统闭环之外,故半闭环伺服控制系统的定位精度比全闭环伺服控制系统的稍差。但由于测量角位移比测量线位移容易,并且可在传动链的任何转动部位进行角位移的测量和反馈,故半闭环伺服控制系统的结构比较简单,其调整、维护也比较方便。

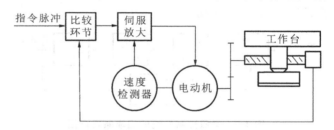

图 4-11   半闭环伺服控制系统的结构原理框图

3)全闭环伺服控制系统

全闭环伺服控制系统主要由执行元件、检测元件、比较环节、驱动电路和被控对象五部分组成,其结构原理框图如图 4-12 所示。全闭环伺服控制系统将位置检测器直接安装在工作台上,从而可获得工作台实际位置的精确信息。检测元件将被控对象移动部件的实际位置信息检测出来并将其转换成电信号反馈给比较环节。

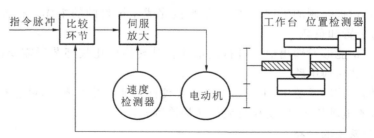

图 4-12   全闭环伺服控制系统的结构原理框图

【实践指导】

一、伺服驱动器

伺服驱动器又称为伺服控制器、伺服放大器,是用来控制伺服电动机的一种控制器,其作用类似于变频器作用于普通交流马达,属于伺服控制系统的一部分,主要应用于高精度的定位系统。

1. 伺服驱动器的作用

伺服驱动器主要用于控制伺服电动机的启动、停机、转速等,同时对电动机进行过载、短路、欠压等各种保护。具体功能如下:

(1) 按照定位指令装置输出的脉冲串,对工件进行定位控制。

(2) 伺服电动机锁定功能:当偏差计数器的输出为 0 时,如果有外力使伺服电动机转动,则编码器将反馈脉冲输入偏差计数器,偏差计数器发出速度指令,旋转、修正电动机,使之停止在滞留脉冲为 0 的位置上。

(3) 进行适合机械负荷的位置环路增益和速度环路增益调整。

2. 伺服驱动器的常见控制方式

伺服驱动器的控制对象由外到内分别为位置环、速度环和电流环,相应地,伺服驱动器也就可以工作在位置控制模式、速度控制模式和转矩控制模式。

(1) 位置控制:通过外部输入脉冲的频率来确定转动速度的大小,通过该脉冲的个数来确定转动的角度,一般应用于定位装置,是伺服控制系统中最常用的控制方式。

(2) 速度控制:通过输入模拟量或脉冲的频率对转动速度进行控制。

(3) 转矩控制:通过外部模拟量的输入或直接地址的赋值来设定电动机轴对外输出转矩的大小,主要应用于需要严格控制转矩的场合。

二、典型伺服驱动系统的硬件组成及接线

1. 硬件组成

典型伺服驱动系统的硬件组成及接线如图 4-13 所示,主要包括主回路和控制回路两部分,其中部分硬件(例如直流电抗器、噪音滤波器、制动电阻等)可以根据实际需要选用。部件可以由驱动器生产厂家配套提供,也可以选择其他符合使用要求的产品。典型伺服驱动系统中主要部件的介绍如下:

(1) 调试设备 交流伺服驱动器一般带有简易操作/显示面板,但对于需进行参数自适应调整的驱动器,应选用功能更强的外部操作单元选件,通常为计算机。

(2) 断路器 用于驱动器短路保护,必须予以安装,其额定电流和驱动器的容量相匹配。

(3) 电磁接触器 伺服驱动器不允许通过电磁接触器的通/断来频繁控制电动机的启动和停止,电动机的启动与停止应由控制信号来控制。安装电磁接触器的目的是使主电源与控制电源独立,以防止驱动器发生内部故障时主电源加入,驱动器的准备好触点应作为主电源接通的必要条件。当驱动器配有外接制动电阻时,必须在制动电阻单元上安装温度检测器件,当温度超过正常值时应立即通过电磁接触器切断输入电源。

(4) 噪音滤波器 噪音滤波器与零相电抗器用于抑制线路的电磁干扰。此外,保持动

力线和控制线之间的距离、采用屏蔽电缆、进行符合要求的接地系统设计也是消除电磁干扰的有效措施。

（5）电抗器（直流）　直流电抗器用来抑制直流母线上的高次谐波与浪涌电流，减少整流管、逆变功率管的冲击电流，提高驱动器功率因数。在安装有直流电抗器后，驱动器对输入电源的要求，可以相应减少20％～30％。驱动器的直流电抗器一般在内部安装。

（6）制动电阻　当电动机需要频繁启/停时或在负载产生的制动能量很大（如受重力作用的升降负载控制）的场合，应选配制动电阻。制动电阻单元上必须安装有断开主接触器的

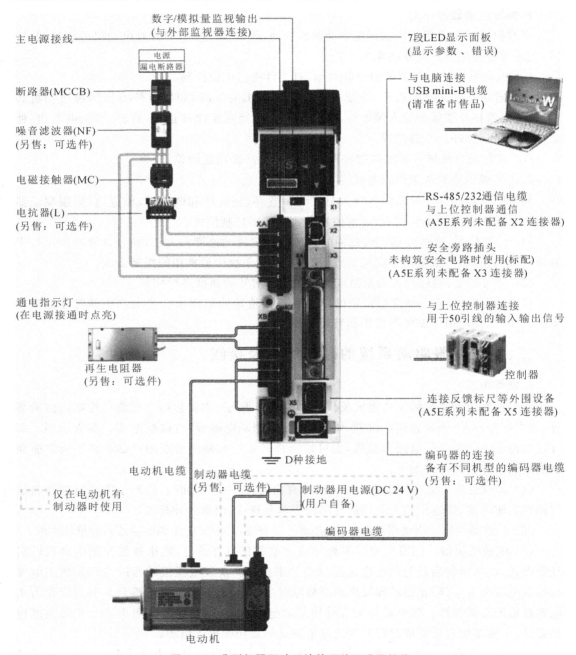

图4-13　典型伺服驱动系统的硬件组成及接线

温度检测器件。

除此之外,典型伺服驱动系统的硬件组成中还有伺服电动机和控制器等,其中伺服电动机需配备旋转编码器,用于反馈当前位置信号,驱动器一般为 PLC。

2. 系统主要接线方法

系统接线主要包括主回路连接和控制回路连接,主电路主要完成三相电源的输入,需要注意的是,主回路的设备连接顺序不能变动,绝不能将主电路电源错接到控制输入端子上。控制回路连接主要包括伺服电气的连接、控制信号的连接以及编码器的连接。

后面将结合 YL-335B 自动化生产线详细描述系统电路的接线方法,此处不再赘述。

◀ 任务2 YL-335B 自动化生产线中交流伺服的应用 ▶

【能力目标】

(1) 掌握伺服电动机和伺服驱动器的型号、含义。
(2) 掌握松下 A5 系列伺服驱动器的端口功能与接线方法。
(3) 能根据控制要求完成伺服驱动器的参数设定。

【工作任务】

通过对后面实践指导内容的学习以及查阅相关资料,完成以下工作任务:
(1) 根据伺服系统的组成要求选择合适的伺服驱动器和伺服电动机。
(2) 结合被控对象,完成伺服驱动器的安装、接线与参数设定。
(3) 通过控制装置,验证接近开关的选择是否正确。

【资讯 & 计划】

认真学习本次任务中的实践指导内容,查阅相关参考资料,完成以下任务,并制订完成工作任务的计划。
(1) 了解伺服驱动系统的组成、功能与特点。
(2) 掌握伺服电动机和伺服驱动器的选择与装调。
(3) 掌握伺服驱动器的参数设定方法。

【实践指导】

一、松下 A5 系列伺服驱动系统

松下 A5 系列伺服驱动器对原来的 A4 系列进行了性能升级,其参数设定和调整极其简单;所配套的电动机,采用 20 位增量式编码器,且实现了低齿槽转矩化;提高了自身在低刚性机器上的稳定性,且可在高刚性机器上进行高速、高精度运转,可广泛应用于各种机器。

YL-335B 中输送单元的抓取机械手的运动控制装置所采用的是松下 A5 系列 MSME5AZG1S 型伺服电动机,其铭牌如图 4-14 所示,型号说明如图 4-15 所示,各部分的名称如图 4-16 所示。配套的为 MADHT1505 型伺服驱动器,其铭牌如图 4-17 所示,型号说明如图 4-18 所示。

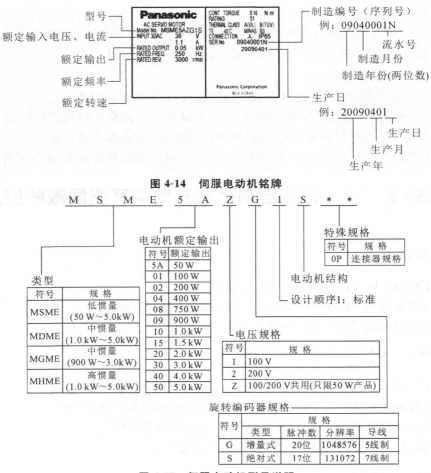

图 4-14　伺服电动机铭牌

图 4-15　伺服电动机型号说明

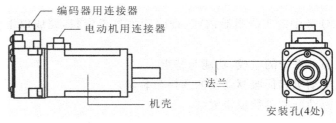

图 4-16　伺服电动机各部分的名称

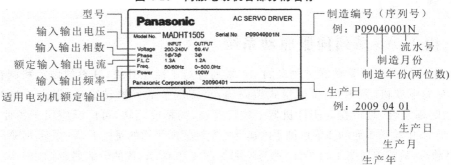

图 4-17　伺服驱动器铭牌

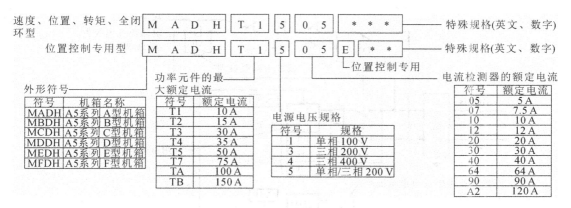

图 4-18 伺服驱动器型号说明

二、松下 A5 系列驱动器的接口与接线

1. 驱动器的主要接口

MADHT1505 型伺服驱动器面板上有多个接线端口，主要包括主电源连接器 XA、电动机连接器 XB、外部设备连接器 X1~X7 等，如图 4-19 所示，其中 X4 为控制信号连接器、X6 为编码器信号连接器。

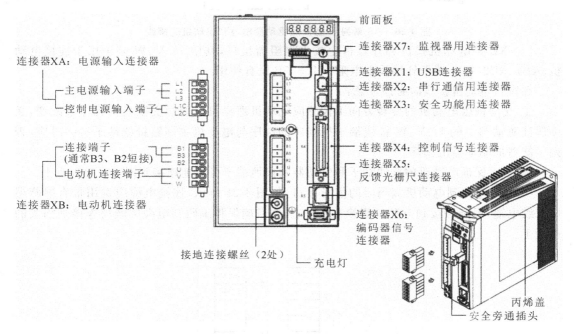

图 4-19 MADHT1505 型伺服驱动器的外观和接口

2. 驱动系统主电路接线

YL-335B 中伺服驱动系统主电路接线只使用了电源接口 XA、电动机接口 XB 和编码器接口 X6，其中电源和电动机的接线如图 4-20 所示，具体接线方法如下：

（1）AC 220 V 电源连接到 XA 的 L1、L3 主电源端子，同时连接到控制电源端子 L1C、L2C 上。

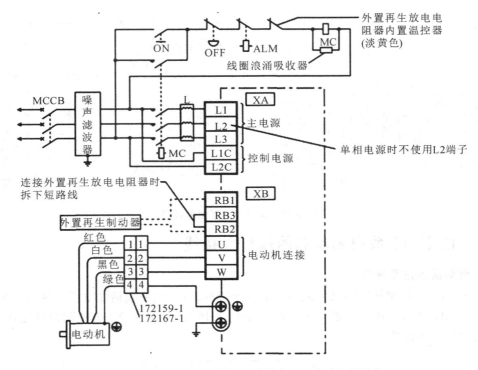

图 4-20　A5 系列 A 型伺服驱动器电源和电动机的接线

（2）XB 是电动机接口和外置再生放电电阻器接口，其中 U、V、W 端子用于连接电动机；RB1、RB2、RB3 端子外接放电电阻，YL-335B 没有使用。

在进行电动机接线时必须注意：

① 交流伺服电动机的旋转方向不像感应电动机那样可以通过交换三相相序来改变，必须保证驱动器上的 U、V、W 接线端子按规定的次序与电动机主回路接线端子一一对应，否则可能造成驱动器的损坏。

② 必须保证电动机的接线端子和驱动器的接地端子可靠地连接到同一个接地点上。

（3）X6 连接到电动机编码器的信号接口，如图 4-21 所示，连接电缆应选用带有屏蔽层的双绞电缆，屏蔽层接到电动机侧接地端子上，并且确保将编码器电缆屏蔽层连接到插头的外壳上。

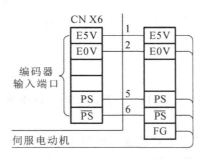

图 4-21　A5 系列 A 型伺服驱动器中编码器的接线

3. 驱动系统控制电路接线

控制电路的接线均在 I/O 控制信号端口 X4 上完成，该端口是一个 50 针端口，各引出端子的功能与控制模式有关。A5 系列伺服驱动系统有位置控制、速度控制、转矩控制、位置/速度控制、位置/转矩控制、速度/转矩控制,以及全闭环控制等 7 种控制模式。

YL-335B 采用的是位置控制模式,并根据设备工作要求,只使用了部分端子,它们分别是:

(1) 脉冲驱动信号输入端(OPC1、PULS2、OPC2、SING2)。

(2) 越程故障信号输入端:正方向越程(9 脚,POT)、负方向越程(8 脚,NOT)。

(3) 伺服 ON 输入端(29 脚,SRV_ON)。

(4) 伺服警报输出端(37 脚,ALM＋;36 脚,ALM－)。

为了方便接线和调试,YL-335B 在出厂时已经在 X4 端口引出了接线插头,在内部把伺服 ON 输入端(SRV_ON)和伺服警报输出负端(ALM－)连接到 COM－端(0 V)。因此从接线插头引出的只有 OPC1、PULS2、OPC2、SING2、POT、NOT 和 ALM＋等 7 根信号线,以及COM＋和COM－引线。X4 端口接西门子 S7-200 PLC 时的接线如图 4-22 所示。

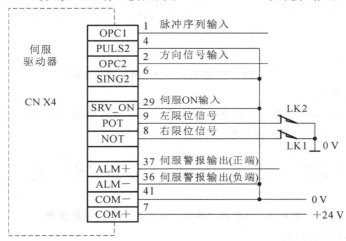

图 4-22 S7-200 PLC 与 A5 系列 A 型伺服驱动器 X4 端口的接线

【决策 & 实施】

根据伺服控制系统的具体要求,自主完成以下工作任务:

(1) 根据伺服驱动器的型号,熟悉伺服驱动器面板的功能。

(2) 根据控制需求,完成伺服驱动器的参数设定和调节。

(3) 通过控制装置,完成伺服驱动器参数设定的验证工作。

【实践指导】

一、松下 A5 系列伺服驱动器的操作面板

1. A5 系列伺服驱动器的操作面板

伺服驱动器通常有两种参数设定方法,一是与计算机相连,利用专门软件设定,二是通过伺服驱动器本身的操作面板设定。A5 系列伺服驱动器的操作面板如图 4-23 所示。

2. A5 系列伺服驱动器操作面板的使用方法

在操作面板上进行参数设置的操作包括参数设定和参数保存两个环节,具体使用方法如下。

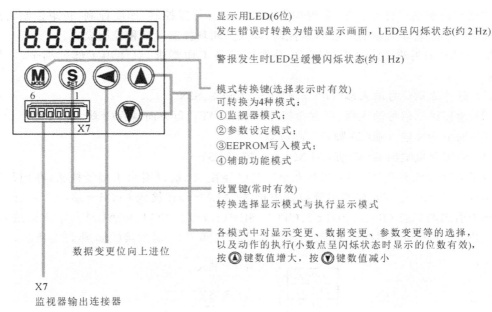

图 4-23　A5 系列伺服驱动器的操作面板

1）LED 初态显示

当伺服驱动器接通电源时，其操作面板上 LED 的初始显示如图 4-24 所示，LED 初始显示取决于参数 Pr_008 的 LED 初始状态设定。

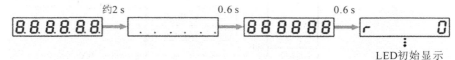

图 4-24　伺服驱动器操作面板上 LED 的初始显示

2）LED 显示模式的切换

伺服驱动器有多种操作显示模式，通过触按伺服驱动器的模式键可实现各种显示模式的切换，各显示模式的切换方法如图 4-25 所示。

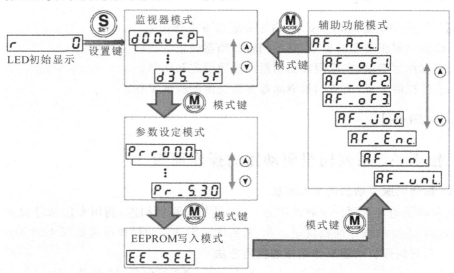

图 4-25　伺服驱动器操作面板上 LED 显示模式的切换方法

①监视器模式设置：当进入监视器模式后，通过按 ▲ ▼ 键选择所需要的显示内容，再按设置键执行所选择的显示模式。

如：显示(查看)故障信息，如图 4-26 所示。

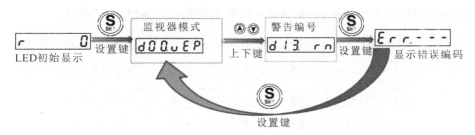

图 4-26 伺服驱动器进入监视器模式

注：具体详细的监视器选择内容以及警告编号需查阅伺服驱动器的使用说明书。

② 参数设定模式设置：当进入参数设定模式后，通过按 ▲ ▼ 键选择所需要更改的参数项，再按设置键进入该参数项，通过按 ▲ ▼ 键更改参数，最后按设置键完成参数设置。

如：设定伺服驱动器的控制模式(Pr0.01)，如图 4-27 所示。

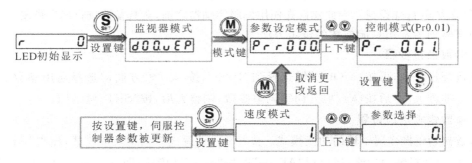

图 4-27 伺服驱动器进入控制模式

注意：改变参数值时，按设置键后，其内容会被反映到控制中。变更对电动机影响较大的参数值(如速度环路增益、位置环路增益等参数)时，勿一次修改过大数值，尽可能分数次更改。

③ EEPROM 写入模式设置：当设置的参数需要写入 EEPROM 中时，操作如图 4-28 所示。

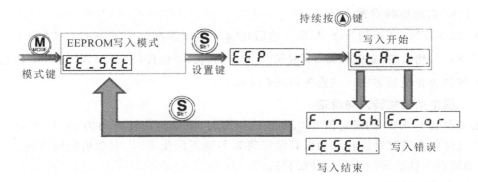

图 4-28 伺服驱动器进入 EEPROM 写入模式

当写入结束显示为 $\boxed{r\ E\ 5\ E\ E}$ 时,关闭伺服驱动器电源进行复位,以实现数据保存,否则参数设定无效。

④ 辅助功能模式设置:按图 4-25 所示的伺服驱动器操作面板上 LED 显示模式的切换方法完成辅助功能模式的切换,伺服驱动器的辅助功能模式如图 4-29 所示。

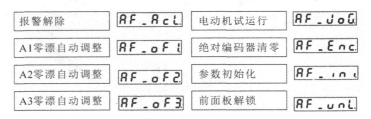

图 4-29　伺服驱动器的辅助功能模式

二、松下 A5 系列驱动器的参数设定

伺服驱动器参数的种类较多,主要包括 7 类,分别为分类 0(基本设定)、分类 1(增益调整)、分类 2(振动抑制功能)、分类 3(速度、转矩、全闭环控制)、分类 4(I/F 监视器设定)、分类 5(扩展设定)和分类 6(特殊设定),因此建议在使用伺服驱动器之前,对其参数进行出厂恢复设置。

伺服驱动器常用功能参数的设定方法如下。

1. 参数设置步骤

先按"SET"键,再按"MODE"键选择到"Pr00",按 ▲ ▼方向键选择通用参数的项目,按"SET"键进入,然后按 ▲ ▼方向键调整参数,调整完后,按"SET"键返回。

2. 参数恢复出厂设置

参数初始化操作属于辅助功能模式。按"MODE"键选择辅助功能模式,出现"AF_ACL",然后按 ▲ 键选择辅助功能,当出现"AF_ini"时按"SET"键确认,即进入参数初始化功能,出现执行显示"ini",持续按 ▲ 键(约 2 s),出现"StArt"时参数初始化开始,出现"FINISH"时参数初始化结束。

3. 参数保存

按"MODE"键选择到"EE-SET"后,按"SET"键确认,出现"EEP -",然后按 ▲ 键保持 3 s,出现"FINISH"或"reset",然后重新上电即可保存参数。

4. JOG 点动参数设置

按"MODE"键选择到"AF-ACL",然后按 ▲ ▼键选择到"AF-JOG",按"SET"键一次显示"JOG -",然后按 ▲ 键保持 3 s 显示"ready",再按 ◀ 键保持 3 s 出现"sur-on"锁紧轴,按 ▲ ▼键选择正反转方向。注意先将 S-ON 断开。

5. 伺服电动机旋转方向设定

如果参数 Pr0.00 的设定值为 0,则正向指令时,电动机旋转方向为 CCW 方向(从轴侧看电动机转向为逆时针旋转);如果其设定值为 1,则正向指令时,电动机旋转方向为 CW 方向(从轴侧看电动机转向为顺时针旋转)。

6. 部分参数说明

在 YL-335B 上,伺服驱动装置工作于位置控制模式下,S7-226 的 Q0.0 输出脉冲作为伺服驱动器的位置指令,脉冲的数量决定伺服电动机的旋转位移,即机械手的直线位移,脉冲的频率决定伺服电动机的旋转速度,即机械手的运动速度。S7-226 的 Q0.1 输出脉冲作为伺服驱动器的方向指令。若控制要求较为简单,伺服驱动器可采用自动增益调整模式。

根据上述要求,A5 系列伺服驱动器的部分参数设置如表 4-2 所示。

表 4-2 A5 系列伺服驱动器的部分参数设置

序号	参 数		设置数值	缺省数值	功能和含义
	参数号	参数名称			
1	Pr5.28	LED 初始状态	1	1	显示电动机转速
2	Pr0.01	控制模式设定	0	0	位置控制
3	Pr5.04	驱动禁止输入设定	2	1	设定驱动禁止输入(POT、NOT)的动作。设置数值为 2 时,POT/NOT 任何单方的输入,都将发生 Err38.0 驱动禁止输入保护
4	Pr0.04	惯量比	1 352		实时自动增益调整有效时,实时推断惯量比每 30 min 一次保存在 EEPROM 中
5	Pr0.02	实时自动增益调整设置	1	1	设定实时自动增益调整为标准模式(重视稳定性)。不进行可变载荷及摩擦补偿,也不使用增益切换功能
6	Pr0.03	实时自动增益的机械刚性选择	13	13	实时自动增益调整有效时的机械刚性设定。若此参数设定值变大,则速度应答性变高,伺服刚性也变高,但驱动器变得容易产生振动
7	Pr0.06	指令脉冲旋转方向设置	1 或 0	0	设置指令脉冲输入的旋转方向。使用 S7 系列 PLC,设置为 1;使用 FX 系列 PLC,设置为 0
8	Pr0.07	指令脉冲输入方式设置	3	1	设置指令脉冲输入方式为"脉冲序列＋符号"
9	Pr0.08	电动机每旋转一转的脉冲数	6 000	10 000	设定相当于电动机每旋转一转的指令脉冲数

【检查 & 评价】

根据工作任务要求,参照表 4-3,检查每一个工作任务是否完成或掌握,对于存在的问题或故障,查阅设备使用说明资料,分析故障原因并进行故障排除。

表 4-3　工作任务完成情况统计分析表 4

学习对象	工作任务内容	是否完成/掌握	存在的问题及其分析与解决方法
伺服电动机	型号定义与铭牌识别	是/否	
	电动机接线	是/否	
松下 A5 系列伺服驱动器	型号定义与铭牌识别	是/否	
	外观接口功能	是/否	
	电动机接线	是/否	
	主电路接线、控制电路接线	是/否	
	旋转编码器接线	是/否	
	操作面板按键功能	是/否	
	参数设定步骤	是/否	
	常见参数设定（初始化、JOG、PLC 控制等）	是/否	
	参数保存	是/否	

YL-335B自动化生产线各工作单元的装调

YL-335B ZIDONGHUA SHENGCHANXIAN GE GONGZUO DANYUAN DE ZHUANGTIAO

供料单元运行的装调

本项目只考虑供料单元作为独立设备运行时的情况,工作单元的主令信号和工作状态显示信号来自 PLC 旁边的按钮指示灯模式。并且,按钮指示灯模式上的工作方式选择开关 SA 应置于"单站方式"位置。

具体控制要求如下:

(1) 设备上电和气源接通后,若工作单元的两个气缸均处于缩回位置,且料仓内有足够的待加工工件,则"正常工作"指示灯 HL1 长亮,表示设备已准备好。否则,该指示灯以 1 Hz 的频率闪烁。

(2) 若设备已准备好,按下启动按钮,工作单元启动,"设备运行"指示灯 HL2 长亮。工作单元启动后,若出料台上没有工件,则应把工件推到出料台上。出料台上的工件被人工取出后,若没有停止信号,则工作单元进行下一次推出工件操作。

(3) 若在设备运行中按下停止按钮,则在完成本工作周期任务后,工作单元停止工作,HL2 指示灯熄灭。

(4) 在运行中若料仓内工件不足,则工作单元继续工作,但"正常工作"指示灯 HL1 以 1 Hz 的频率闪烁,"设备运行"指示灯 HL2 保持长亮。若料仓内没有工件,则 HL1 指示灯和 HL2 指示灯均以 2 Hz 的频率闪烁。工作单元在完成本工作周期任务后停止。除非向料仓内补充足够的工件,否则工作单元不能再启动。

要求完成如下任务:

(1) 系统的安装、接线和气路连接;

(2) I/O 信号地址分配,绘制 PLC 控制电路图;

(3) 编制 PLC 控制程序;

(4) 进行系统的调试与运行。

◀ 任务 1　供料单元机械与气动元件的装调 ▶

【能力目标】

(1) 了解供料单元的结构组成、作用及特点。

(2) 会分析供料单元的动作过程。

(3) 能够依据机械和电气元件的安装规范,进行机械、气路和电气部件的装调。

【工作任务】

通过对后面实践指导内容的学习以及查阅相关资料,完成以下工作任务:

(1) 将供料单元拆成组件和零件的形式,然后再组装成原样,安装内容包括机械部分的装配、气路的连接与调整以及电气接线。

（2）通过控制装置，验证装置装调的效果。

【相关知识】

一、控制装置的结构组成及作用

供料单元主要由工件装料管、工件推出装置、支撑架、电磁阀组、端子排组件、PLC、急停按钮和启动/停止按钮、走线槽、底板等构件组成。其中，机械部分的结构组成如图 5-1 所示。

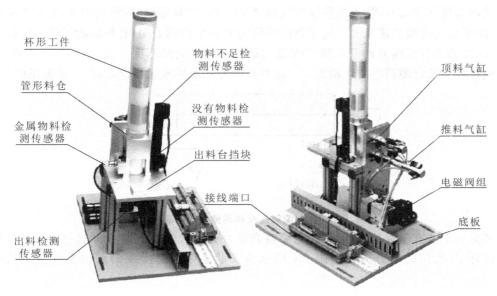

图 5-1　供料单元机械部分的结构组成

工件推出装置用于储存工件原料，并在需要时将料仓中最下层的工件推出到出料台上。它主要由管形料仓、推料气缸、顶料气缸、磁感应接近开关、漫射式光电传感器组成。

关键电、气路元器件的认知如下。

1. 标准双作用直线气缸

标准气缸是指功能和规格普遍适用、结构容易制造、通常作为通用产品供应市场的气缸。

双作用气缸是指活塞的往复运动均由压缩空气来推动的气缸。图 5-2 是标准双作用直线气缸的半剖面图。图 5-2 中，气缸的两个端盖上都设有进排气通口，从无杆侧端盖通口进气时，压缩空气推动活塞向前运动；反之，从有杆侧端盖通口进气时，压缩空气推动活塞向后运动。

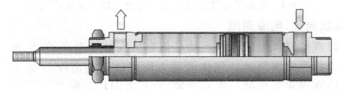

图 5-2　标准双作用直线气缸的半剖面图

双作用气缸具有结构简单、输出力稳定、行程可根据需要选择等优点,但由于其是利用压缩空气交替作用于活塞上实现伸缩运动的,缩回时压缩空气的有效作用面积较小,所以缩回时产生的推力小于伸出时产生的推力。

为了使气缸的动作平稳可靠,应对气缸的运动速度加以控制,常用的方法是使用单向节流阀。

单向节流阀是由单向阀和节流阀并联而成的流量控制阀,常用于控制气缸的运动速度,所以也称为速度控制阀。

图 5-3 给出了在双作用气缸上装两个单向节流阀时的连接和调整原理示意图,图示连接方式称为排气节流方式,即当压缩空气从 A 端进气、B 端排气时,单向节流阀 A 的单向阀开启,向气缸无杆腔快速充气。由于单向节流阀 B 的单向阀关闭,有杆腔的气体只能经节流阀排气,故调节节流阀 B 的开度便可改变气缸伸出时的运动速度。反之,调节节流阀 A 的开度则可改变气缸缩回时的运动速度。这种控制方式下活塞运行稳定,故为最常用的方式。

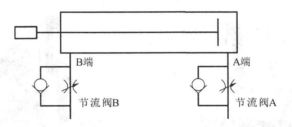

图 5-3 节流阀连接和调整原理示意图

节流阀上装有气管的快速接头,只要将合适外径的气管往快速接头上一插就可以将气管连接好了,使用时十分方便。图 5-4 所示为安装了带快速接头的限出型气缸节流阀的气缸。

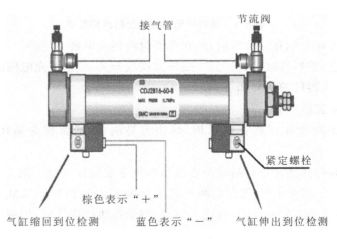

图 5-4 安装了带快速接头的限出型气缸节流阀的气缸

2. 单电控电磁换向阀、电磁阀组

如前所述,顶料或推料气缸的活塞运动是依靠从气缸一端进气,从另一端排气,反过来,从另一端进气,一端排气来实现的。气体流动方向的改变则由能改变气体流动方向或通断的控制阀,即方向控制阀来实现的。在自动控制中,方向控制阀常采用电磁控制方式实现方向控制,故又称为电磁换向阀。

电磁换向阀利用其电磁线圈通电时,静铁芯对动铁芯产生电磁吸力使阀芯切换,来达到改变气流方向的目的。图 5-5 所示是一个单电控二位三通电磁换向阀的工作原理。

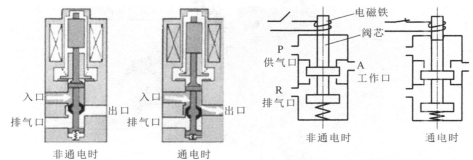

单电控直动式电磁换向阀的动作原理

图 5-5 单电控二位三通电磁换向阀的工作原理

所谓"位",指的是为了改变气体流动方向,阀芯相对于阀体所具有的不同的工作位置。"通"则指换向阀与系统相连的通口,有几个通口即为几通。图 5-6 分别给出了二位三通、二位四通和二位五通单电控电磁换向阀的图形符号,图形中有几个方格就是几位换向阀,方格中的"⊤"和"⊥"符号表示各接口互不相通。

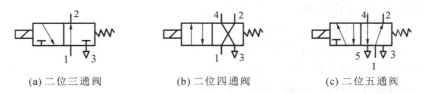

(a) 二位三通阀   (b) 二位四通阀   (c) 二位五通阀

图 5-6 部分单电控电磁换向阀的图形符号

YL-335B 所有工作单元的执行气缸都是双作用气缸,因此控制它们工作的电磁换向阀需要有两个工作口和两个排气口以及一个供气口,故使用的电磁换向阀均为二位五通电磁换向阀。

供料单元用了两个二位五通的单电控电磁换向阀。这两个电磁换向阀带有手动换向加锁钮,加锁钮有锁定(LOCK)和开启(PUSH)两个位置。用小螺丝刀把加锁钮旋到 LOCK 位置时,手控开关向下凹进去,不能进行手控操作。加锁钮只有在 PUSH 位置时,可用工具向下按,手控开关的信号为"1",等同于该侧的电磁信号为"1";常态时,手控开关的信号为"0"。在进行设备调试时,可以使用手控开关对阀进行控制,从而实现对相应气路的控制,进而实现推料气缸等执行机构的控制,达到调试的目的。

两个电磁换向阀是集中安装在汇流板上的。汇流板上两个排气口末端均连接了消声器,消声器的作用是减少向大气排放压缩空气时产生的噪声。这种多个阀与消声器、汇流板等集中在一起构成的一组控制阀的集成称为阀组,其中每个阀的功能是独立的,阀组的结构如图 5-7 所示。

3. 传感器

YL-335B 的供料单元使用了磁性开关、光电传感器、电感传感器,其中磁性开关用来检测气缸活塞的位置,光电传感器分别实现物料有无、物料是否充足和物料台是否有料的检测,电感传感器主要完成物料是否为金属的检测。它们的工作原理在项目 1 中已经讲过,请读者自行查阅。

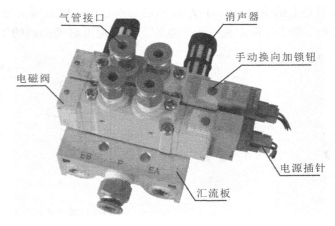

图 5-7　阀组

气管接口　消声器　手动换向加锁钮　电磁阀　电源插针　汇流板

二、控制装置的动作过程

供料单元的主要运动部件包括顶料气缸和推料气缸,供料单元部件位置示意图如图 5-8 所示。供料单元的工作过程如下。

工件垂直叠放在料仓中,推料气缸处于料仓的底层并且其活塞杆可从料仓的底部通过。当活塞杆在退回位置时,它与最下层工件处于同一水平位置,而顶料气缸则与次下层工件处于同一水平位置。在需要将工件推出到出料台上时,首先使顶料气缸的活塞杆推出,压住次下层工件;然后使推料气缸的活塞杆推出,从而把最下层工件推到出料台上。在推料气缸返回并从料仓底部抽出后,再使顶料气缸返回,松开次下层工件。这样,料仓中的工件在重力的作用下,自动向下移动一个工件层,为下一次推出工件做好准备。

在底座和管形料仓第 4 层工件位置上分别安装一个漫射式光电接近开关。它们的功能是检测料仓中有无储料或储料是否足够。若料仓内没有工件,则处于底座和第 4 层工件位置上的两个漫射式光电接近开关均处于常态;若仅在底

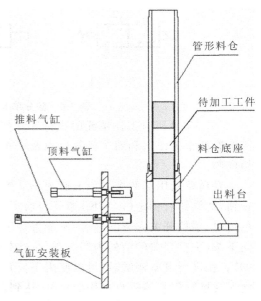

推料气缸　顶料气缸　气缸安装板　管形料仓　待加工工件　料仓底座　出料台

图 5-8　供料单元部件位置示意图

座处有 3 个工件,则底座处漫射式光电接近开关动作而第 4 层处漫射式光电接近开关处于常态,表明工件已经快用完了。这样,料仓中有无储料或储料是否足够,就可用这两个漫射式光电接近开关的信号状态反映出来了。

推料气缸把工件推出到出料台上。出料台面上开有小孔,出料台下面设有一个圆柱形漫射式光电接近开关,工作时该开关向上发出光线,透过小孔检测出料台上是否有工件存在,以便向系统提供本工作单元出料台上有无工件的信号。在输送单元的控制程序中,可以利用该信号状态来判断是否需要驱动机械手装置抓取工件。

【实践指导】

一、机械部件的装调

首先把供料单元各零件组合成整体安装时用的组件,然后把组件进行组装。所组合成的组件包括:①料仓底座及出料台组件;②推料机构组件;③铝合金型材支撑架组件。各组件的装配过程如表 5-1 所示。

表 5-1　各组件的装配过程

组件名称及外观		组件装配过程
料仓底座及出料台组件	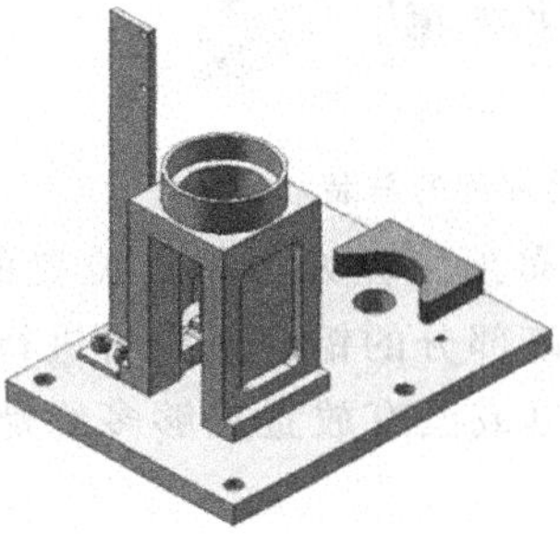	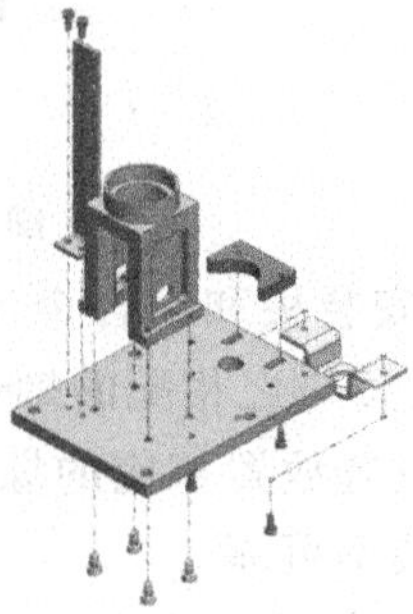
推料机构组件	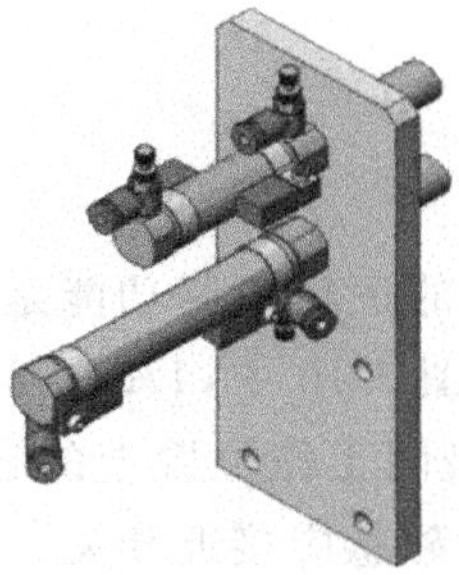	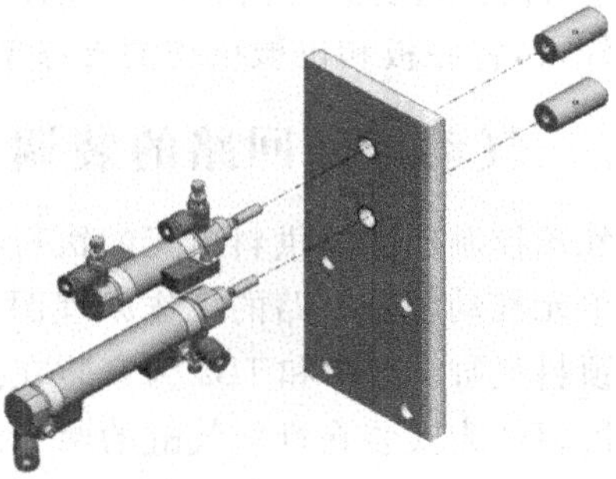
铝合金型材支撑架组件	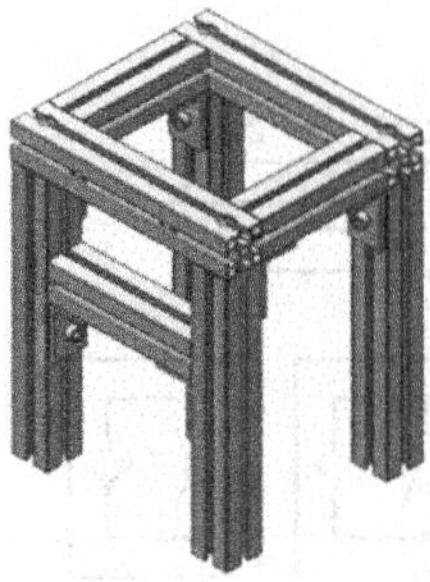	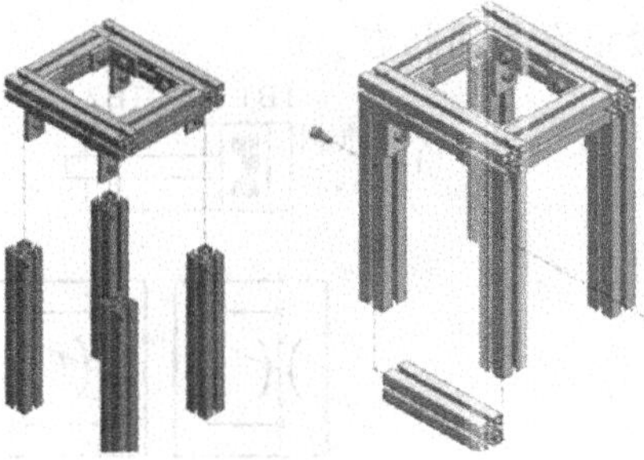

各组件装配好后,用螺栓把它们连接为整体,再用橡皮锤把装料管敲入料仓底座,然后将连接好的供料单元机械部分以及电磁阀组、PLC 和接线端子排固定在底板上,最后固定底板,完成供料单元的安装。如图 5-9 所示。

安装过程中应注意以下几点:

① 装配铝合金型材支撑架时,注意调整好各条边的平行度及垂直度,锁紧螺栓。

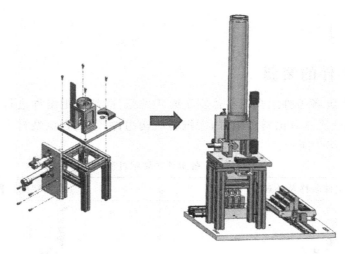

图 5-9　供料单元机械和气动部件的总装

② 气缸安装板和铝合金型材支撑架的连接,是靠预先往处于特定位置的铝合金型材"T"形槽中放置与之相配的螺母来实现的,因此在对该部分的铝合金型材进行连接时,一定要在相应的位置放置相应的螺母。如果没有放置螺母或没有放置足够多的螺母,将造成无法安装或安装不可靠。

③ 将机械机构固定在底板上的时候,需要将底板移动到操作台的边缘,螺栓从底板的反面拧入,将底板和机械机构的支撑型材连接起来。

二、气动控制回路的装调

气动控制回路是供料单元的执行机构,该执行机构的逻辑控制功能是由 PLC 实现的。供料单元气动控制回路的工作原理图如图 5-10 所示。图 5-10 中,1A 和 2A 分别为推料气缸和顶料气缸。1B1 和 1B2 为安装在推料气缸的两个极限工作位置上的磁感应接近开关,2B1 和 2B2 为安装在推料气缸的两个极限工作位置上的磁感应接近开关。1Y1 和 2Y1 分别为控制推料气缸和顶料气缸的电磁阀的电磁控制端。通常,推料气缸和顶料气缸的初始位置均设定在缩回状态。

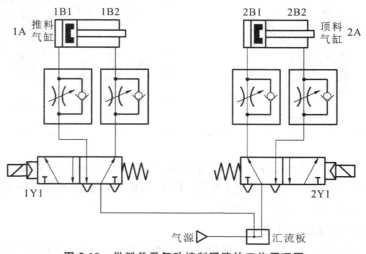

图 5-10　供料单元气动控制回路的工作原理图

1. 气路连接的专业规范要求

（1）连接时注意气管走向，应按序排布，线槽内不走气管。气管要在快速接头中插紧，不能有漏气现象。

（2）气路连接完毕后，应用扎带绑扎电缆和气管，两个扎带之间的距离不超过 50 mm。电缆和气管应分开绑扎，但当它们来自同一个移动模块时，允许绑扎在一起。

（3）无气管缠绕、绑扎变形现象。

2. 气路的安装与调试

气路连接步骤：从汇流板开始，按图 5-10 所示的气动控制回路用直径为 4 mm 的气管连接电磁阀、气缸，然后用直径为 6 mm 的气管完成气源处理器与汇流板进气孔之间的连接。

气路调试的方法：

（1）用电磁阀上的手动换向加锁钮验证顶料气缸和推料气缸的初始位置和动作位置是否正确；

（2）按图 5-3 所示的节流阀连接和调整原理示意图，调整气缸节流阀的开度，以控制活塞杆往复运动的速度，使得气缸动作时无冲击、卡滞现象。

◀ 任务 2 供料单元 PLC 控制系统设计 ▶

【能力目标】

（1）掌握供料单元作为单一机电系统时安装与调试的步骤、方法及规范。

（2）能根据控制要求，完成 PLC 控制电路的设计和 PLC 程序的设计。

【工作任务】

通过对后面实践指导内容的学习以及查阅相关资料，完成以下工作任务：

（1）完成供料单元的 PLC 选型、I/O 地址分配、电路图绘制和电气接线。

（2）结合被控对象以及功能要求，完成 PLC 程序设计。

（3）通过控制装置，完成机电系统（含 PLC 程序）的调试。

【资讯 & 计划】

认真学习本次任务中的实践指导内容，查阅相关参考资料，完成以下任务，并列出完成工作任务的计划。

（1）掌握 PLC 选型和 I/O 地址分配的依据与方法。

（2）掌握 PLC 控制电路设计的思路以及电路图绘制方法。

（3）掌握电路连接与调试的方法。

（4）完成控制任务的分析并给出关键技术的解决方法

（5）完成 PLC 程序的设计、调试与运行。

【**实践指导**】

一、PLC 控制电路设计

PLC 控制电路的设计须根据工作任务的要求以及输入、输出的点数,选择 PLC 的型号并完成 PLC 的 I/O 地址分配,绘制 PLC 控制电路图,并完成电气线路的连接。

1. PLC 的选型

根据控制任务的要求以及输入、输出信号的数量,供料单元 PLC 可选用西门子 S7-200 系列 CPU 224 AC/DC/RLY 型,共 14 点输入和 10 点继电器输出。

2. PLC 的 I/O 信号地址分配

PLC 的 I/O 信号地址可以根据控制要求进行分配,如表 5-2 所示。

表 5-2　供料单元 PLC 的 I/O 信号地址分配表

输 入 信 号				输 出 信 号			
序号	PLC 输入点	信号名称	信号来源	序号	PLC 输出点	信号名称	信号来源
1	I0.0	顶料到位	装置侧	1	Q0.0	顶料电磁阀	装置侧
2	I0.1	顶料复位		2	Q0.1	推料电磁阀	
3	I0.2	推料到位		3	Q0.2		
4	I0.3	推料复位		4	Q0.3		
5	I0.4	出料检测		5	Q0.4		
6	I0.5	物料不足		6	Q0.5		
7	I0.6	物料没有		7	Q0.6		
8	I0.7	金属检测		8	Q0.7		
9	I1.0			9	Q1.0	正常工作指示	按钮指示灯模块
10	I1.1			10	Q1.1	设备运行指示	
11	I1.2	停止按钮	按钮指示灯模块				
12	I1.3	启动按钮					
13	I1.4						
14	I1.5	单机/联机					

3. 控制电路图的绘制

电路图是表达项目电路组成和物理连接信息的简图,采用按功能排列的图形符号来表示各元件和连接关系,着重表示功能而不考虑项目的实际尺寸、形状或位置。按照 PLC 的 I/O 信号地址分配表,依据设计要求,绘制 PLC 的控制原理接线图,如图 5-11 所示。PLC 输入接口和传感器的电源均使用外部电源,正极为 24 V,负极为 0 V。PLC 内部电源不使用。

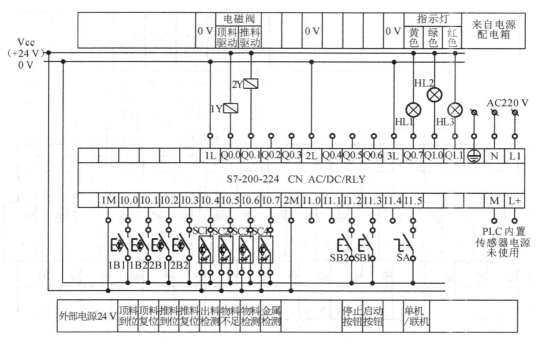

图 5-11 供料单元 PLC 的控制原理接线图

二、电气接线与传感器调试

1. 电气接线

电气接线包括:将工作单元装置侧各传感器、电磁阀、电源端子等的引线接到装置侧接线端口上的接线,以及 PLC 侧的电源接线、I/O 点接线等。供料单元装置侧接线端口信号端子的分配如表 5-3 所示,PLC 输入、输出端子的接线分别如图 5-12 和图 5-13 所示。

表 5-3 供料单元装置侧接线端口信号端子的分配

输入端口中间层			输出端口中间层		
端子号	设备符号	信号线	端子号	设备符号	信号线
2	1B1	顶料到位	2	1Y	顶料电磁阀
3	1B2	顶料复位	3	2Y	推料电磁阀
4	2B1	推料到位			
5	2B2	推料复位			
6	SC1	出料检测			
7	SC2	物料不足			
8	SC3	物料没有			
9	SC4	金属检测			
10#～17#端子没有连接			4#～14#端子没有连接		

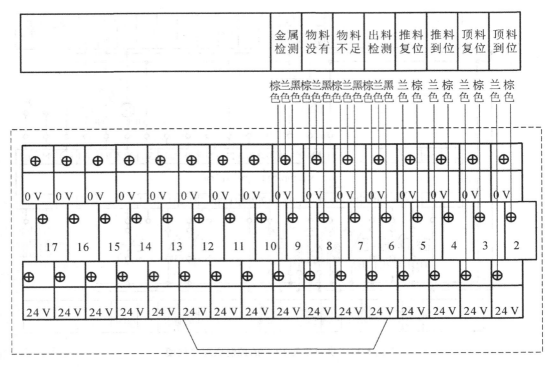

图 5-12　PLC 输入端子的接线——传感器、磁性开关侧

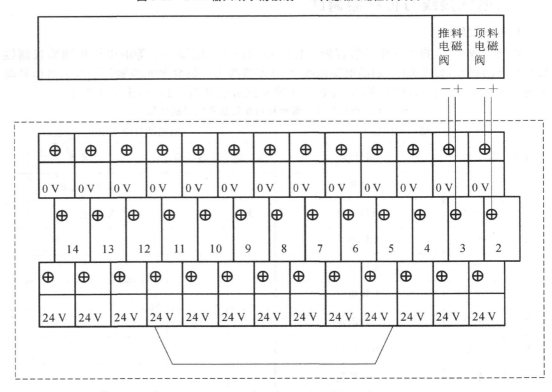

图 5-13　PLC 输出端子的接线——电磁阀、执行机构侧

接线时应注意以下几点：

① 装置侧接线：输入端口的上层端子(Vcc)只能作为传感器的正电源端,切勿用于电磁阀等执行元件的负载。电磁阀等执行元件的正电源端应连接到输出端口的上层端子(＋24 V),0 V 电源端则应连接到输出端口下层端子上。

② PLC 侧的接线包括电源接线、PLC 侧 I/O 点接线、PLC 侧接线端口之间的连线、PLC 的 I/O 点与按钮指示灯模块的端子之间的连线。具体接线要求与工作任务有关。

③ 连接线须有符合规定的标号；每一个端子连接的导线不超过 2 根；电线的金属材料不外露,冷压端子的金属部分不外露。

④ 电缆的绝缘部分应在线槽里,且电缆在线槽里至少有 10 cm 余量。接线完毕后线槽应完全盖住,没有线槽翘起和线槽未完全盖住现象。

2. 传感器调试

控制电路的接线完成后,即可接通电源和气源,对工作单元各传感器进行调试。表 5-4 列出了供料单元部分传感器在调试中的注意事项。

表 5-4　供料单元部分传感器在调试中的注意事项

传感器名称	注 意 事 项
欠料（或缺料检测）传感器	料仓中的测试物宜用黑色工件,检测距离从小开始逐渐增大,直到橙色 LED 动作显示灯稳定点亮。测试完成后,在背景处放置一个白色工件作为校核件,应确保传感器不动作
检测推料到位的磁性开关	调试时料仓内只放置 1 个工件。用小螺丝刀将推料电磁阀的手控旋钮旋到"LOCK"位置,推料气缸活塞杆伸出,把工件推出到出料台位置。然后调整"推料到位"磁性开关,使其到稳定的动作位置后紧定固定螺栓
检测顶料到位的磁性开关	调试时料仓内放置 2 个工件。用小螺丝刀将顶料电磁阀的手控旋钮旋到"LOCK"位置,顶料气缸活塞杆伸出,把次层工件压紧。然后调整"顶料到位"磁性开关,使其到稳定的动作位置后紧定固定螺栓

【决策 & 实施】

根据供料单元机电控制系统的具体要求,自主完成以下工作任务：

(1) 根据被控对象和功能需要,给出关键技术的解决方案和编程思路。

(2) 根据控制需求,完成 PLC 程序的设计与调试。

(3) 通过控制装置,完成机电控制系统的验证。

【实践指导】

一、编程思路与技术解决方案

(1) 主程序包含两个子程序,一个是系统状态显示子程序,另一个是供料控制子程序。

主程序在每一扫描周期都会调用系统状态显示子程序,仅当运行状态已经建立时才可能调用供料控制子程序。

(2) PLC上电后应首先进入初始状态检查阶段,确认系统已经准备就绪后,才允许其投入运行,这样可以及时发现存在的问题,避免出现事故。例如,若两个气缸在上电和气源接入时不在初始位置,则气路连接错误,显然在这种情况下不允许PLC系统投入运行。通常PLC控制系统都有这种常规的要求。

(3) 供料单元运行的主要过程是供料控制,它是一个步进顺序控制过程(简称顺控过程)。

(4) 如果没有停止要求,顺控过程将周而复始地不断循环。常见的顺序控制系统的正常停止要求:接收到停止指令后,系统在完成本工作周期任务即返回到初始步后才停止下来。

(5) 当料仓中的最后一个工件被推出后,系统将发生缺料报警,在推料气缸复位到位亦即完成本工作周期任务返回到初始步后,也应停止下来。

二、程序设计

1.主程序设计

在PLC控制程序编写过程中,主程序编写必不可少,主程序在系统中起着至关重要的作用。主程序的基本功能包括设备上电后的初态检查、设备是否准备就绪检查、启动/停止控制、子程序调用、设备停止后的状态复位等。由此,主程序设计流程如图5-14所示,根据供料单元的功能要求和I/O地址分配情况,可设计出如图5-15所示的供参考的系统主程序。

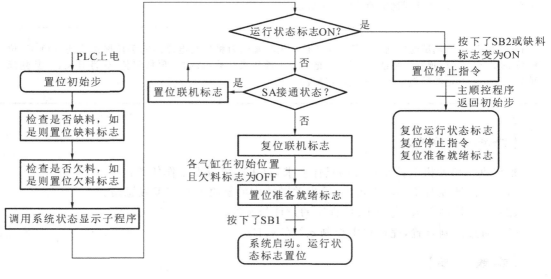

图 5-14 供料单元主程序设计流程

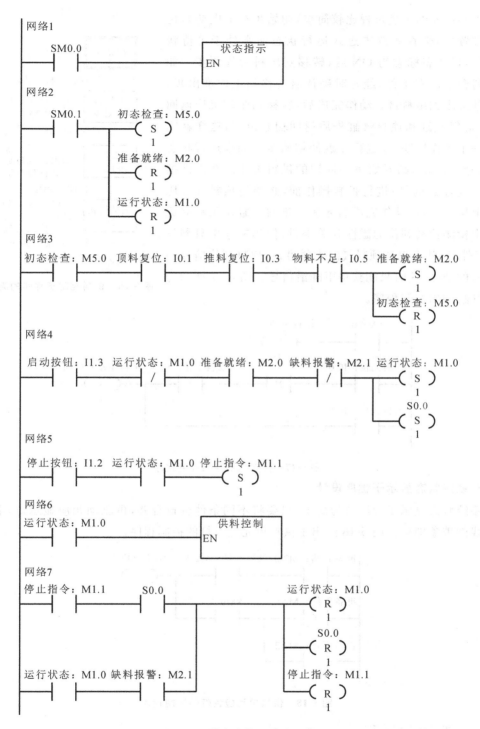

图 5-15 供参考的系统主程序

2. 供料控制子程序设计

供料控制子程序的流程图如图 5-16 所示。图中,初始步 S0.0 在主程序中,当系统准备就绪且接收到启动脉冲时被置位。

供料单元的步进过程比较简单，初始步在上电初始化时就被置位，但在系统未进入运行状态前则处于等待状态，当运行状态标志为 ON 后，转移到出料台检测步。如果出料台上没有工件，经延时确认后转移到工件推出步，将工件推出到出料台。动作完成后，转移到驱动机构返回步，使推料气缸和顶料气缸先后返回初始位置，这样就完成了一个工作周期，步进程序返回初始步。如果运行状态标志仍然为 ON，则开始下一周期的供料工作。在工件推出步需要注意的是：进行推料操作前，必须用顶料气缸压紧次上层工件，该动作完成后才驱动推料气缸。顶料完成信号由检测顶料到位的磁性开关提供，但当料仓中只剩下 1 个工件时，就会出现顶料气缸无料可顶，顶料到位信号一晃即逝的情况，这时只能获得下降沿信号。图 5-17 所示为推料气缸伸出控制程序。

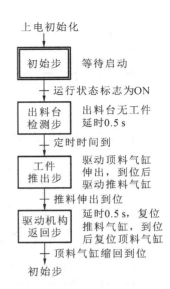

图 5-16 供料控制子程序的流程图

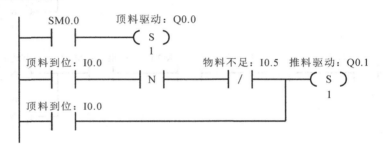

图 5-17 推料气缸伸出控制程序

3. 系统状态显示子程序设计

系统状态显示子程序较为简单，只要将不同条件进行合并，再驱动相应显示灯，避免出现双线圈现象即可。图 5-18 给出了供料单元橙色灯的控制程序。

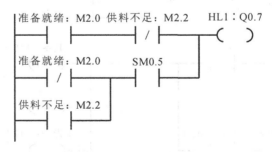

图 5-18 供料单元橙色灯的控制程序

三、调试与运行

PLC 程序编好后，可将其下载到对应工作单元的 PLC 中，然后依据工作单元的执行动作过程，通过在线监控、动态调试，完成系统调试，并认真填好调试运行记录表（见表 5-5），直至系统调试满足项目控制要求为止。

表 5-5 供料单元调试运行记录表

动作与状态	输入信号							输出信号				
	物料不足	物料没有	出料检测	顶料到位	顶料复位	推料到位	推料复位	绿色指示灯	橙色指示等	红色指示灯	顶料电磁阀	推料电磁阀
缺少物料												
物料不足												
准备就绪												
按启动按钮,顶料到位												
推料到位												
推料复位												
顶料复位												
按下停止按钮												

【检查 & 评价】

根据实践操作的步骤,参照表 5-6,检查每一个工作内容是否正确,对于存在的问题或故障,查阅设备使用说明资料,分析故障原因并进行故障排除。

表 5-6 供料单元学习评价总表

任 务	工作内容	评价要点	是否完成/掌握	存在的问题及其分析与解决方法
认识供料单元	结构及组成	能说明各部件的名称、作用及工作流程	是/否	
	执行元件	能说明其名称、工作原理、作用	是/否	
	传感器	能说明其名称、工作原理、作用	是/否	
供料单元安装	机械部件	按机械装配图,参考装配视频进行装配(装配是否完成;有无紧固件松动现象)	是/否	
	气动连接	识读气动控制回路原理图并按图连接气路(连接是否完成或有误;有无漏气现象;气管有无绑扎或气路连接是否规范)	是/否	
	电气连接	识读电气原理图并按图连接电路(连接是否完成或有误;端子连接、插针压接质量是否合格,同一端子上是否超过两根导线;端子连接处有无线号;电路接线有无绑扎或电路接线是否凌乱等)	是/否	

任　务	工 作 内 容	评 价 要 点	是否完成/掌握	存在的问题及其分析与解决方法
编制供料单元PLC控制程序	列出 PLC 的 I/O 地址分配表	与 PLC 的 I/O 接线原理图相符	是/否	
	写出工作单元的初始工作状态	描述清楚、正确	是/否	
	写出工作单元的工作流程	描述清楚、正确	是/否	
	按控制要求编写 PLC 程序	满足控制要求	是/否	
供料单元运行与调试	机械	满足控制要求	是/否	
	电气(检测元件)	满足控制要求	是/否	
	气动系统	无漏气现象,动作平稳(气缸节流阀调整是否恰当)	是/否	
	相关参数设置	满足控制要求	是/否	
	PLC 程序	满足控制要求(能否按照控制要求正确执行推出工件操作;推料气缸活塞杆返回时有无卡住现象;物料不足情况下能否完成推料操作)	是/否	
职业素养与安全意识		现场操作安全保护符合安全操作规程	是/否	
		工具摆放、包装物品、导线线头等的处理符合职业岗位的要求	是/否	
		团队既有分工又有合作,配合紧密	是/否	
		遵守纪律,尊重老师,爱惜实训设备和器材,保持工位的整洁	是/否	

加工单元运行的装调

本项目只考虑加工单元作为独立设备运行时的情况，加工单元的按钮指示灯模式上的工作方式选择开关应置于"单站方式"位置。

具体控制要求如下：

（1）初始状态：设备上电和气源接通后，滑动加工台伸缩气缸处于伸出位置，加工台气动手爪处于松开状态，冲压气缸处于缩回位置，急停按钮没有被按下。

若设备处于上述初始状态，则"正常工作"指示灯 HL1 长亮，表示设备已准备好。否则，该指示灯以 1 Hz 的频率闪烁。

（2）若设备已准备好，按下启动按钮，设备启动，"设备运行"指示灯 HL2 长亮。当待加工工件被送到加工台上并被检出后，设备执行将工件夹紧并送往加工区域冲压，完成冲压动作后返回待料位置的工件加工工序。如果没有停止信号输入，当再有待加工工件被送到加工台上时，加工单元又开始下一工作周期。

（3）若在工作过程中按下停止按钮，加工单元在完成本周期的动作后停止工作，HL2 指示灯熄灭。

要求完成如下任务：

（1）完成系统安装、电路接线和气路连接；

（2）完成 I/O 信号地址分配，绘制 PLC 控制电路图；

（3）编制 PLC 控制程序；

（4）进行系统调试与运行。

◀ 任务 1　加工单元机械与气动元件的装调 ▶

【能力目标】

（1）了解加工单元的结构组成、作用及特点。

（2）会分析加工单元的动作过程。

（3）能够依据机械和电气安装规范，完成机械、气路和电气部件的装调。

【工作任务】

通过对后面实践指导内容的学习以及查阅相关资料，完成以下工作任务：

（1）将加工单元拆成组件和零件的形式，然后再组装成原样，安装内容包括机械部分的装配、气路的连接与调整以及电气接线。

（2）通过控制装置，验证装置装调的效果。

【相关知识】

一、控制装置的结构组成及作用

1. 了解直线导轨

直线导轨是一种滚动导引机构,它由滚珠在滑块与导轨之间作无限滚动循环运动,使得负载平台沿着导轨作高精度线性运动,其摩擦系数可降至传统滑动导轨的1/50,能达到很高的定位精度。直线导轨副通常按照滚珠在导轨和滑块之间的接触牙型进行分类,主要有两列式和四列式两种,图 6-1(a)为直线导轨副的截面示意图,图 6-1(b)为装配好的直线导轨副。

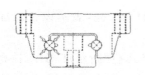

(a) 直线导轨副的截面示意图　　　　(b) 装配好的直线导轨副

图 6-1　两列式直线导轨副

2. 了解薄型气缸和气动手指

加工单元所使用的气动执行元件包括标准直线气缸、薄型气缸和气动手指,下面只介绍前面尚未提及的薄型气缸和气动手指。

1) 薄型气缸

薄型气缸属于省空间类气缸,即气缸的轴向或径向尺寸比标准气缸的小很多。缸筒与无杆侧端盖压铸成一体,杆盖用弹性挡圈固定,缸体为方形。这种气缸通常用于固定夹具和在搬运中固定工件等。图 6-2 是薄型气缸的实例图。

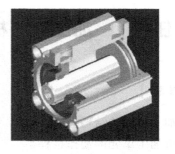

(a) 薄型气缸实物　　　　　　(b) 薄型气缸剖视图

图 6-2　薄型气缸的实例图

2) 气动手指(气爪)

气动手指(气爪)用于抓取、夹紧工件,可分为滑动导轨型、支点开闭型和回转驱动型等。YL-335B 的加工单元所使用的是滑动导轨型气动手指,如图 6-3 (a)所示,其工作原理如图 6-3(b)和图 6-3(c)所示。

(a) 气动手指实物

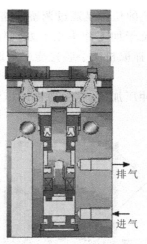

(b) 气动手指松开

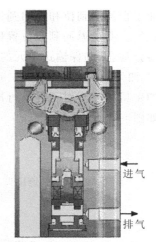

(c) 气动手指夹紧

图 6-3　滑动导轨型气动手指实物和工作原理

3. 加工单元的功能及结构组成

加工单元的功能是完成把待加工工件从物料台移送到加工区域冲压气缸的正下方,对工件进行冲压加工,然后把加工好的工件重新送回物料台的过程。

加工单元装置侧的主要结构组成为加工台及滑动机构、加工机构、电磁阀组、接线端口、底板等。其中,加工单元机械结构总成如图 6-4 所示。

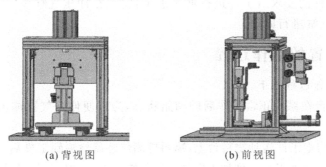

(a) 背视图　　　　　　　　　(b) 前视图

图 6-4　加工单元机械结构总成

1)加工台及滑动机构

加工台用于固定待加工工件,并把待加工工件移到加工机构正下方进行冲压加工。它主要由气动手指、伸缩气缸、线性导轨及滑块、磁感应接近开关、漫射式光电传感器等组成。加工台及滑动机构如图 6-5 所示。

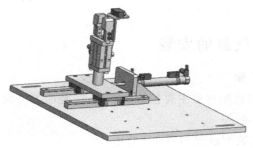

图 6-5　加工台及滑动机构

加工台伸出到位和返回到位的位置是通过调整伸缩气缸上两个磁感应接近开关的位置来定位的。要求返回到位位置位于加工冲头正下方,伸出到位位置应与输送单元的抓取机械手装置配合,确保输送单元的抓取机械手装置能顺利地把待加工工件放到物料台上。

2)加工机构

加工机构用于对工件进行冲压加工,它主要由冲压气缸、冲压头、安装板等组成。加工机构如图6-6所示。

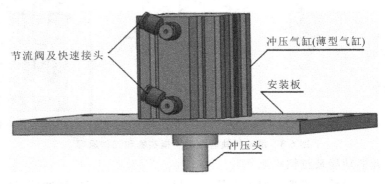

图6-6 加工机构

冲压台的工作原理:当待加工工件到达冲压位置即伸缩气缸活塞杆缩回到位,冲压气缸伸出并对工件进行加工,完成加工动作后冲压气缸缩回,为下一次冲压加工做准备。

冲压头根据工件的要求对工件进行冲压加工,安装在冲压气缸头部。安装板用于安装冲压气缸,对冲压气缸进行固定。

二、控制装置的动作过程

加工单元的动作过程如下。

(1)滑动加工台在系统正常工作后的初始状态,为方便伸缩气缸伸出,其气动手指处于张开状态;

(2)当输送机构把工件送到物料台上,物料检测传感器检测到工件后,PLC控制程序驱动气动手指将工件夹紧→加工台回到加工区域冲压气缸下方→冲压气缸活塞杆向下伸出冲压工件→完成冲压动作后冲压气缸活塞杆向上缩回→加工台重新伸出,到位后气动手指松开;

(3)顺序完成一个循环周期的工件加工工序,并向系统发出加工完成信号。为下一次工件加工做准备。

【实践指导】

一、机械部件与气缸的安装

1.机械部件的安装步骤

加工单元机械部件的装配过程主要包括两部分,一是加工机构组件装配,二是滑动加工台组件装配,然后进行总装。

(1)加工机构组件的装配过程如图6-7所示。

(2)滑动加工台组件的装配过程如图6-8所示。

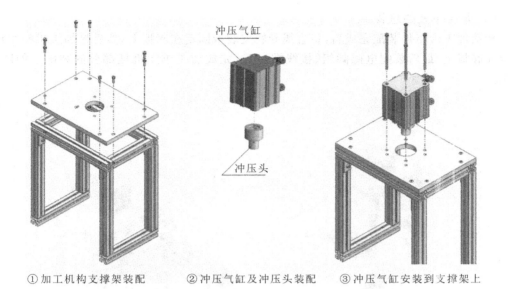

① 加工机构支撑架装配　　② 冲压气缸及冲压头装配　　③ 冲压气缸安装到支撑架上

图 6-7　加工机构组件的装配过程

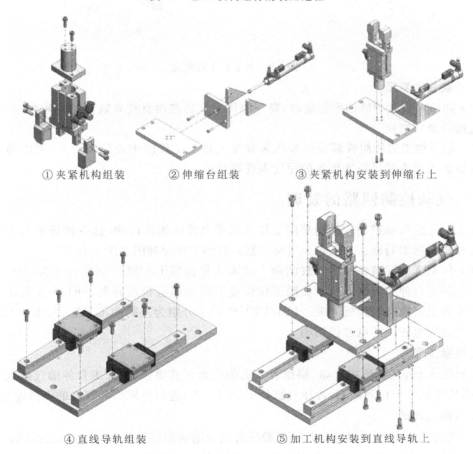

① 夹紧机构组装　　② 伸缩台组装　　③ 夹紧机构安装到伸缩台上

④ 直线导轨组装　　　　　⑤ 加工机构安装到直线导轨上

图 6-8　滑动加工台组件的装配过程

（3）加工单元的总装。

滑动加工台组件装配完成后，将直线导轨安装板固定在底板上，然后将加工机构组件也固定在底板上，最后装配电磁阀组、接线端口等，完成加工单元机械部分的装配。如图 6-9 所示。

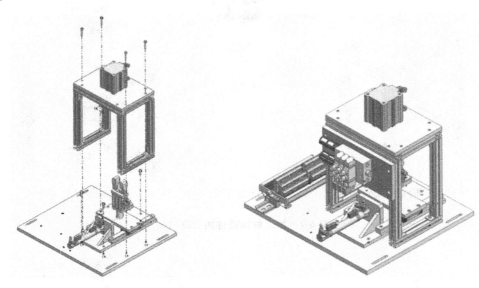

图 6-9　加工单元组装图

2. 安装注意事项

（1）调整两直线导轨的平行度时，要一边移动安装在两直线导轨上的安装板，一边拧紧固定直线导轨的螺栓。

（2）如果加工机构组件部分的冲压头和加工台上工件的中心没有对正，可以通过调整推料气缸旋入两直线导轨连接板的深度来进行对正。

二、气动控制回路的装调

加工单元的气动控制元件均采用二位五通单电控电磁换向阀，这些阀集中安装成阀组固定在冲压支撑架后面。加工单元气动控制回路的工作原理图如图 6-10 所示。

1B1 和 1B2 为安装在冲压气缸的两个极限工作位置上的磁感应接近开关，2B1 和 2B2 为安装在加工台伸缩气缸的两个极限工作位置上的磁感应接近开关，3B1 为安装在手爪气缸工作位置上的磁感应接近开关。1Y1、2Y1 和 3Y1 分别为控制冲压气缸、加工台伸缩气缸和手爪气缸的电磁阀的电磁控制端。

1. 连接步骤

按照图 6-10，从汇流板开始，根据各气缸的初始位置要求，即加工台伸缩气缸处于伸出位置、手爪气缸处于松开状态、冲压气缸处于缩回位置，进行电磁阀和气缸的气路连接。

2. 气路的调试

（1）用电磁阀上的手动换向加锁钮验证各气缸的初始位置和动作位置是否正确。

（2）调整气缸节流阀开度，使得气缸动作时无冲击、卡滞现象。

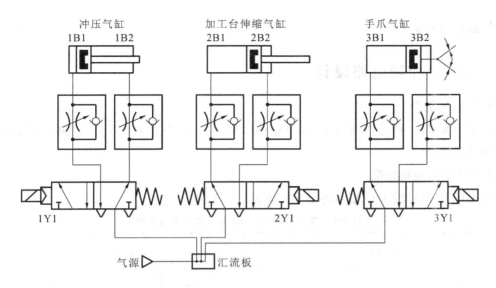

冲压气缸   加工台伸缩气缸   手爪气缸

1B1   1B2   2B1   2B2   3B1   3B2

1Y1   2Y1   3Y1

气源   汇流板

图 6-10   加工单元气动控制回路的工作原理图

◀ 任务 2   加工单元 PLC 控制系统设计 ▶

【能力目标】

(1) 掌握加工单元作为单一机电系统时安装与调试的步骤、方法及规范。

(2) 能根据控制要求完成 PLC 控制电路的设计和 PLC 程序的设计。

【工作任务】

通过对后面实践指导内容的学习以及查阅相关资料,完成以下工作任务:

(1) 完成加工单元的 PLC 选型、I/O 信号地址分配、电路图绘制和电气接线。

(2) 结合被控对象以及功能要求,完成 PLC 程序的设计。

(3) 通过控制装置,完成机电系统(含 PLC 程序)的调试。

【资讯 & 计划】

认真学习本次任务中的实践指导内容,查阅相关参考资料,完成以下任务,并列出完成工作任务的计划。

(1) 掌握 PLC 选型和 I/O 信号地址分配的依据与方法。

(2) 掌握 PLC 控制电路设计的思路以及电路图的绘制方法。

(3) 掌握电路连接与调试的方法。

(4) 完成控制任务的分析并给出关键技术的解决方法

(5) 完成 PLC 程序的设计、调试与运行。

【实践指导】

一、PLC控制电路设计

1. PLC的选型

加工单元PLC可选用西门子S7-200系列CPU 224 AC/DC/RLY型,共14点输入和10点继电器输出。

2. I/O信号地址分配

加工单元PLC的I/O信号地址分配如表6-1所示。

表6-1 加工单元PLC的I/O信号地址分配

输入信号				输出信号			
序号	PLC输入点	信号名称	信号源	序号	PLC输出点	信号名称	信号源
1	I0.0	加工台物料	装置侧	1	Q0.0	夹紧电磁阀	装置侧
2	I0.1	夹紧到位		2	Q0.1		
3	I0.2	伸出到位		3	Q0.2	伸缩驱动电磁阀	
4	I0.3	缩回到位		4	Q0.3	加工驱动电磁阀	
5	I0.4	加工压头上限		5	Q0.4		
6	I0.5	加工压头下限		6	Q0.5		
7	I0.6			7	Q0.6		
8	I0.7			8	Q0.7		
9	I1.0			9	Q1.0	正常工作指示	按钮指示灯模式
10	I1.1			10	Q1.1	设备运行指示	
11	I1.2	停止按钮	按钮指示灯模式				
12	I1.3	启动按钮					
13	I1.4	急停按钮					
14	I1.5	单机/联机					

按照表6-1,绘制出如图6-11所示的加工单元PLC控制电路原理图。

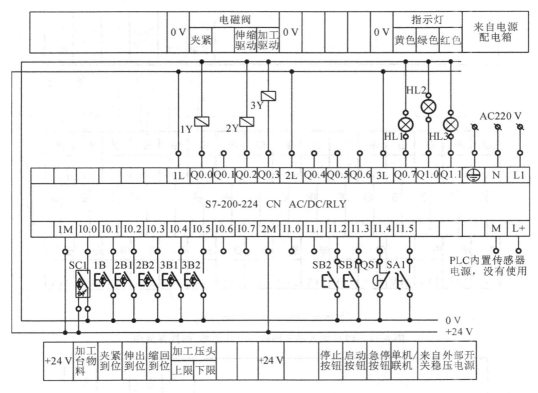

图 6-11 加工单元 PLC 控制电路原理图

二、电气接线与传感器调试

加工单元装置侧接线端口信号端子的分配如表 6-2 所示。电气接线的工艺应符合有关专业规范的规定,按照图 6-12 和图 6-13,完成 PLC 输入、输出信号的接线。

表 6-2　加工单元装置侧接线端口信号端子的分配

输入端口中间层			输出端口中间层		
端子号	设备符号	信号线	端子号	设备符号	信号线
2	BG1	加工台物料	2	1Y	夹紧电磁阀
3	3B2	夹紧到位	3		
4	2B2	伸出到位	4	2Y	伸缩驱动电磁阀
5	2B1	缩回到位	5	1Y	加工驱动电磁阀
6	1B1	加工压头上限			
7	1B2	加工压头下限			
8#～17#端子没有连接			6#～14#端子没有连接		

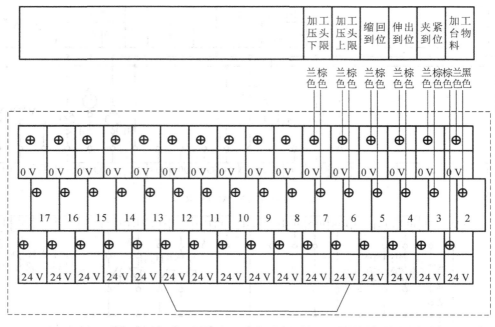

图 6-12　PLC 输入端子接线——传感器、磁性开关侧

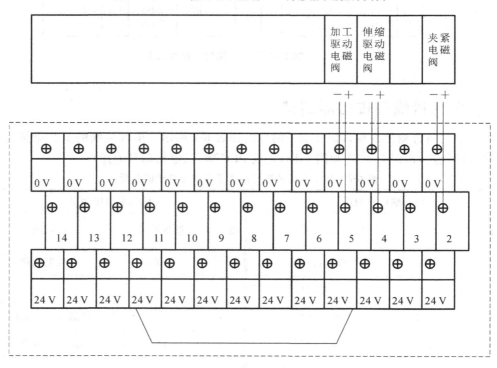

图 6-13　PLC 输出端子接线——电磁阀、执行机构侧

　　电气接线和气路接线完成后,应仔细调整各磁性开关的安装位置和加工台上 E3Z-LS63 型光电传感器的设定距离,宜用黑色工件作测试物进行调试。

【决策 & 实施】

根据加工单元机电控制系统的具体要求,自主完成以下工作任务:
(1) 根据被控对象和功能需要,给出关键技术的解决方案和编程思路。
(2) 根据控制需求,完成 PLC 程序的设计与调试。
(3) 通过控制装置,完成机电控制系统的验证。

【实践指导】

一、编程思路

加工单元的被控电磁阀比供料单元的多一个,但没有出现新类型的被控对象,动作过程与供料单元相似,所以编程思路与供料单元相同,不同之处是加工单元工作任务中增加了急停操作。为此,调用加工控制子程序的条件是"工作单元在运行状态"和"急停按钮未按"两者同时成立,如图 6-14 所示。

图 6-14 加工控制子程序的调用

这样,当在运行过程中按下急停按钮时,系统立即停止调用加工控制子程序,但是当前顺控步的元件仍在置位状态,急停复位后,从断点开始继续运行。

二、程序设计

1. 主程序设计

加工单元的主程序流程与供料单元类似,PLC 上电后应首先进入初始状态检查阶段,确认系统已经准备就绪(见图 6-15)后,才允许系统接收启动信号投入运行,加工单元主程序设计可参考供料单元主程序。

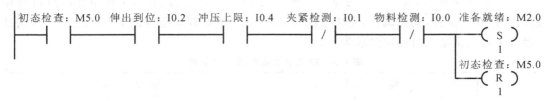

图 6-15 系统准备就绪检查程序

2. 加工子程序设计

加工过程是一个顺序控制过程,其步进流程图如图 6-16 所示,从图中可以看到,当一个加工周期结束,只有加工好的工件被取走后,程序才能返回 S0.0 步,这就避免了重复加工的可能。

3. 状态显示子程序设计

系统上电后,若加工单元未准备好,HL1(黄色指示灯)以 1 Hz 的频率闪烁;若加工单元已经准备好,HL1 长亮,准备就绪检测参考程序如图 6-17 所示。

加工单元正常运行时 HL2（绿色指示灯）长亮，按下急停按钮，HL2 以 1 Hz 的频率闪烁，急停状态显示参考程序如图 6-18 所示，也可以将 HL3（红色指示灯）闪烁作为急停状态显示信号。

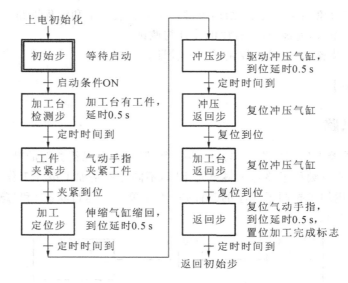

图 6-16　加工过程的步进流程图

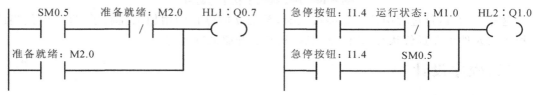

图 6-17　准备就绪检测参考程序　　　　　**图 6-18　急停状态显示参考程序**

三、调试与运行

PLC 程序编好后，可下载到对应工作单元的 PLC 中，然后依据本工作单元的执行动作过程，通过在线监控、动态调试，完成系统调试，并认真填好调试运行记录表（见表 6-3），调试过程直至系统满足项目控制要求为止。

表 6-3　加工单元调试运行记录表

动作与状态	输　入　信　号						输　出　信　号					
	加工台物料	夹紧到位	伸出到位	缩回到位	加工压头上限	加工压头下限	绿色指示灯	黄色指示灯	红色指示灯	夹紧电磁阀	伸缩驱动电磁阀	加工驱动电磁阀
准备就绪												
按启动按钮，气动手指夹紧												
工作台缩回到位												

续表

动作与状态	输入信号						输出信号					
	加工台物料	夹紧到位	伸出到位	缩回到位	加工压头上限	加工压头下限	绿色指示灯	黄色指示灯	红色指示灯	夹紧电磁阀	伸缩驱动电磁阀	加工驱动电磁阀
冲压到位												
冲压气缸缩回												
工作台伸出												
气动手指松开												
按下停止按钮												

【检查 & 评价】

根据实践操作的步骤,参照表 6-4,检查每一项工作内容是否正确,对于存在的问题或故障,查阅设备使用说明资料,分析故障原因并进行故障排除。

表 6-4 加工单元学习评价总表

任 务	工作内容	评价要点	是否完成/掌握	存在的问题及其分析与解决方法
认识加工单元	单元结构及组成	能说明各部件的名称、作用及单元的工作流程	是/否	
	执行元件	能说明其名称、工作原理、作用	是/否	
	传感器	能说明其名称、工作原理、作用	是/否	
加工单元安装	机械部件装配	按机械装配图,参考装配视频进行装配(装配是否完成;有无紧固件松动现象)	是/否	
	气动连接	识读气动控制回路原理图并按图连接气路(连接是否完成或有误;有无漏气现象;有无绑扎气管或气路连接是否规范)	是/否	
	电气连接	识读电气原理图并按图连接电路(连接是否完成或有误;端子连接、插针压接质量是否合格,同一端子上是否超过两根导线;端子连接处有无线号;电路接线是否凌乱等)	是/否	

任 务	工 作 内 容	评 价 要 点	是否完成/掌握	存在的问题及其分析与解决方法
编制加工单元 PLC 控制程序	写出 PLC 的 I/O 地址分配表	与 PLC 的 I/O 接线原理图相符	是/否	
	写出单元的初始工作状态	描述清楚、正确	是/否	
	写出单元的工作流程	描述清楚、正确	是/否	
	按控制要求编写 PLC 程序	满足控制要求	是/否	
加工单元运行与调试	机械	满足控制要求	是/否	
	电气检测元件	满足控制要求	是/否	
	气动系统	不漏气,动作平稳(气缸节流阀调整是否恰当)	是/否	
	PLC 程序	满足控制要求(加工操作顺序是否合理)	是/否	
职业素养与安全意识		现场操作安全保护符合安全操作规程	是/否	
		工具摆放、包装物品、导线线头等的处理符合职业岗位的要求	是/否	
		团队既有分工又有合作,配合紧密	是/否	
		遵守纪律,尊重老师,爱惜实训设备和器材,保持工位整洁	是/否	

装配单元运行的装调

本项目只考虑装配单元作为独立设备运行时的情况,装配单元按钮指示灯模式上的工作方式选择开关应置于"单站方式"位置。

具体控制要求如下:

(1)装配单元各气缸的初始位置:挡料气缸处于伸出状态;顶料气缸处于缩回状态,料仓中已经有足够的小圆柱零件;装配机械手的升降气缸处于提升状态,伸缩气缸处于缩回状态,气爪处于松开状态。

设备上电和气源接通后,若各气缸满足初始位置要求,且料仓中已经有足够的小圆柱零件,工件装配台上没有待装配工件,则"正常工作"指示灯 HL1 长亮,表示设备已准备好。否则,该指示灯以 1 Hz 的频率闪烁。

(2)若设备已准备好,按下启动按钮,装配单元启动,"设备运行"指示灯 HL2 长亮。如果回转台上的左料盘内没有小圆柱零件,就执行下料操作;如果左料盘内有零件,而右料盘内没有零件,则执行回转台回转操作。

(3)如果回转台上的右料盘内有小圆柱零件且装配台上有待装配工件,则执行装配机械手抓取小圆柱零件,并将其放入待装配工件区中的操作。

(4)完成装配任务后,装配机械手应返回初始位置,等待下一次装配。

(5)若在运行过程中按下停止按钮,则供料机构立即停止供料,在满足装配条件的情况下,装配单元在完成本次装配后停止工作。

(6)在运行中发生"零件不足"报警时,指示灯 HL3 以 1 Hz 的频率闪烁,指示灯 HL1 和 HL2 长亮;在运行中发生"零件没有"报警时,指示灯 HL3 以亮 1 s,灭 0.5 s 的方式闪烁,HL2 熄灭,HL1 长亮。

要求完成如下任务:

(1)系统的安装、接线、气路连接。

(2)完成 PLC 的 I/O 信号地址分配,绘制 PLC 控制电路图。

(3)编制 PLC 控制程序。

(4)进行系统调试与运行。

◀ 任务 1 装配单元机械与气动元件的装调 ▶

【能力目标】

(1)了解装配单元的结构组成、作用及特点。

(2)会分析装配单元的动作过程。

(3)能够依据机械和电气安装规范,完成机械、气路和电气部件的装调。

【工作任务】

通过对后面实践指导内容的学习以及查阅相关资料,完成以下工作任务:

(1)将装配单元拆成组件和零件的形式,然后再组装成原样,安装内容包括机械部分的装配、气路的连接与调整以及电气接线。

(2)通过控制装置,验证装置装调的效果。

【相关知识】

一、控制装置的结构组成及作用

1. 认识气动摆台和导向气缸

装配单元除使用了前面所述的标准直线气缸和气动手指外,还使用了气动摆台和导向气缸,下面简单介绍一下气动摆台和导向气缸。

1)气动摆台

回转物料台的主要器件是气动摆台,气动摆台通过直线气缸驱动齿轮、齿条实现回转运动,其回转角度能在0°～180°之间任意调节,而且通过安装磁性开关来检测旋转到位信号,多用于方向和位置需要变换的机构。气动摆台如图7-1所示。

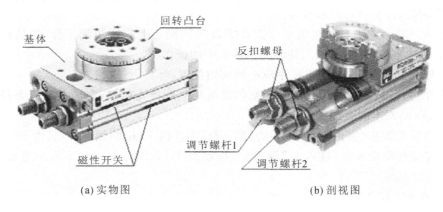

(a) 实物图   (b) 剖视图

图 7-1　气动摆台

当需要调节气动摆台的回转角度或摆动位置精度时,应首先松开调节螺杆上的反扣螺母,通过旋入和旋出调节螺杆来改变回转凸台的回转角度,调节螺杆1和调节螺杆2分别用于左旋角度和右旋角度的调整。当调整好回转角度后,应将反扣螺母与基体反扣锁紧,防止调节螺杆松动,造成回转精度降低。

旋转到位信号的检测是通过调整气动摆台滑轨内两个磁性开关的位置来实现的,图7-2所示是磁性开关位置调整示意图。磁性开关安装在气缸体的滑轨内,松开磁性开关的紧定螺丝,磁性开关就可以沿着滑轨左右移动。确定磁性开关位置后,旋紧紧定螺丝,即可完成磁性开关位置的调整。

2)导向气缸

导向气缸是指具有导向功能的气缸,一般为标准气缸和导向装置的结合体。导向气缸具有导向精度高、抗扭转力矩性能好、承载能力强、工作平稳等特点。

图 7-2 磁性开关位置调整示意图

装配单元中用于驱动装配机械手沿水平方向移动的导向气缸如图 7-3 所示，该气缸由带双导杆的直线气缸和其他附件组成。

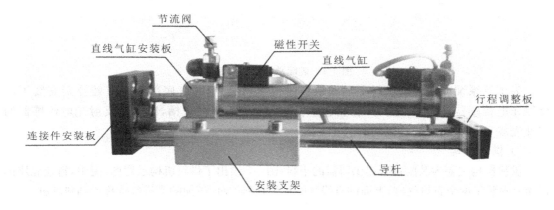

图 7-3 装配单元中的导向气缸

安装支架用于导杆的安装和导向气缸整体的固定，连接件安装板用于固定其他需要连接到该导向气缸上的物件，并将两导杆和直线气缸活塞杆的相对位置固定，当直线气缸的一端接通压缩空气后，活塞被驱动作直线运动，活塞杆也一起移动，被连接件安装板固定到一起的两导杆也随活塞杆伸出或缩回，从而实现导向气缸的整体功能。安装在导杆末端的行程调整板用于调整该导向气缸的伸出行程，具体调整方法：松开行程调整板上的紧定螺钉，让行程调整板在导杆上移动，当导向气缸达到理想的伸出距离以后，完全锁紧紧定螺钉，完成行程的调节。

2. 装配单元的组成及作用

装配单元的功能是完成将该单元料仓内的黑色或白色小圆柱工件嵌到放置在装配料斗中的待装配工件中的装配过程。

装配单元的结构组成：管形料仓、供料机构、回转物料台、装配机械手、待装配工件的定位机构、气动系统及其阀组、信号采集装置及其自动控制系统，以及用于电气连接的端子排组件、用于整条生产线状态指示的警示灯、用于其他机构安装的铝型材支架及底板、传感器安装支架等其他附件。其中，机械装配图如图 7-4 所示。

1）管形料仓

管形料仓用来存储装配用的金属小圆柱零件、黑色小圆柱零件和白色小圆柱零件，它由塑料圆管和中空底座构成。塑料圆管顶端放置有加强金属环，以防止破损。工件竖直放入料仓的空心圆管内，由于二者之间有一定的间隙，故工件能在重力作用下自由下落。

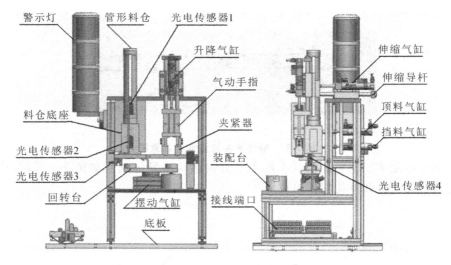

图 7-4 装配单元机械装配图

为了使系统能在料仓供料不足和缺料时报警,在塑料圆管底部和底座处分别安装了漫反射光电传感器(E3Z-L 型),并在料仓塑料圆管上铣有纵向铣槽,以使漫反射光电传感器的红外光线可靠照射到被检测的物料上。

2) 供料机构

供料机构主要为装配过程提供所需的小料,图 7-5 给出了供料机构示意图,图中,料仓底座的背面上安装了两个直线气缸,上面的直线气缸称为顶料气缸,下面的直线气缸称为挡料气缸。

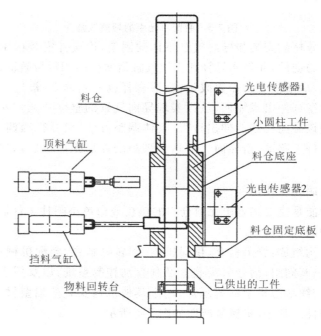

图 7-5 供料机构示意图

3) 回转物料台

回转物料台由气动摆台和两个料盘组成,气动摆台能驱动料盘旋转 180°,从而实现把从供料机构落到料盘上的工件移动到装配机械手正下方的功能,如图 7-6 所示。图 7-6 中的光电传感器 1 和光电传感器 2 分别用来检测料盘 1 和料盘 2 内是否有零件,两个光电传感器均选用 CX-441 型。

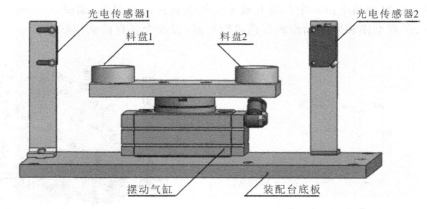

图 7-6　回转物料台的结构

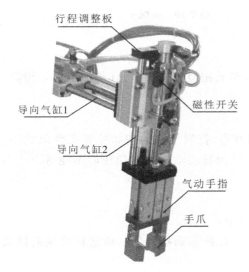

图 7-7　装配机械手的整体外形

4)装配机械手

装配机械手是整个装配单元的核心。在装配机械手正下方的回转物料台料盘上有小圆柱零件,且装配台侧面的光纤传感器检测到装配台上有待装配工件的情况下,装配机械手从初始状态开始执行装配操作过程。装配机械手的整体外形如图 7-7 所示。

装配机械手装置是一个进行三维运动的机构,它由分别沿水平方向移动和竖直方向移动的两个导向气缸和气动手指组成。

5)装配台料斗

输送单元运送来的待装配工件直接放置在装配台料斗的定位孔中,由定位孔与工件之间的间隙配合实现定位,从而完成准确的装配动作和定位精度,装配台料斗如图 7-8 所示。为了确定装配台料斗内是否放置了待装配工件,可以使用光纤传感器进行检测。在装配台料斗的侧面上开了一个 M6 的螺孔,光纤传感器的光纤探头就固定在螺孔内。

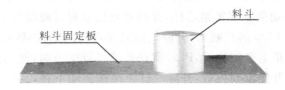

图 7-8　装配台料斗

6)三层警示灯

装配单元上安装有红、黄、绿三层警示灯,在整个系统中起警示作用。警示灯有 5 根引出线,其中黄绿交叉线为"地线",红色线为红色灯控制线,黄色线为黄色灯控制线,绿色线为绿色灯控制线,黑色线为信号灯公共控制线。如图7-9所示。

7)电磁阀组

装配单元的电磁阀组由6个二位五通单电控电磁换向阀组成,如图7-10所示。这些阀分别对供料、位置变换和装配动作的气路进行控制,以改变各自的动作状态。

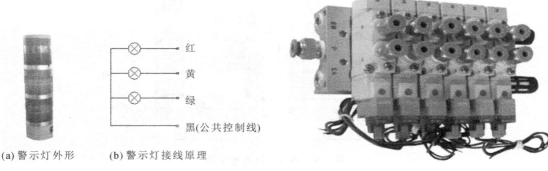

(a)警示灯外形　　(b)警示灯接线原理

图7-9　警示灯及其接线　　　　图7-10　装配单元的电磁阀组

二、控制装置的动作过程

装配单元包括3个基本单元:落料单元(与供料单元相似)、装配单元(与加工单元相似)和摆动控制单元。3个基本单元的动作过程如下。

1. 落料动作过程

系统气源接通后,顶料气缸的初始位置在缩回状态,挡料气缸的初始位置在伸出状态。这样,当从料仓上面放下工件时,工件会被挡料气缸活塞杆终端的挡块挡住而不能落下。当需要落料时,完成如下动作:

(1)顶料气缸伸出,把次下层的工件顶紧;

(2)挡料气缸缩回,工件掉入回转物料台的料盘中;

(3)挡料气缸复位伸出,顶料气缸缩回,次下层工件跌落到挡料气缸活塞杆终端的挡块上,为再一次供料作准备。

2. 装配动作过程

系统气源接通后,气动手爪打开,升降气缸升起,伸缩气缸缩回,系统处于准备好状态,等待装配信号。装配动作过程如下:

(1)手爪下降:PLC驱动升降气缸的电磁换向阀动作,升降气缸驱动气动手指向下移动,到位后气动手指驱动夹紧器夹紧芯件,并将夹紧信号通过磁性开关传送给PLC。

(2)手爪上升:在PLC的控制下,升降气缸复位,被夹紧的芯件随气动手指一并提起。

(3)手臂伸出:手爪上升到位后,PLC驱动伸缩气缸电磁阀,使其活塞杆伸出。

(4)手爪下降:手臂伸出到位后,升降气缸再次被驱动下移,到位后气动手指松开,将芯件放进装配台上的工件内。

(5)经短暂延时,升降气缸和伸缩气缸先后缩回,机械手恢复初始状态。在整个机械手动作过程中,除气动手指的松开到位信号无传感器检测外,其余动作的到位信号检测均采用与气缸配套的磁性开关来实现,磁性开关将采集到的信号输入PLC,由PLC输出信号驱动电磁阀换向,从而使由气缸及气动手指组成的机械手按程序自动运行。

3. 摆台动作过程

在装配过程中,当摆台料筒左侧无料,右侧有料时,摆台旋转180°,将小料送至装配单元气动手爪下方。注意,摆台只能顺时针或逆时针旋转,不能连续旋转。

【实践指导】

一、机械部件和气缸的安装

1. 安装步骤和方法

在整个 YL-335B 中,装配单元是包含气动元器件较多、结构较为复杂的工作单元,为了减小安装的难度和提高安装的效率,在装配前,应认真分析装配单元的结构组成,认真观看相关视频,参考别人的装配工艺,认真思考,做好记录。装配单元的安装遵循先前的思路,先成组件,再进行总装。装配单元各种组件的安装过程如表 7-1 所示。

表 7-1 装配单元各种组件的安装过程

组件名称及外观	组件装配过程
供料操作组件	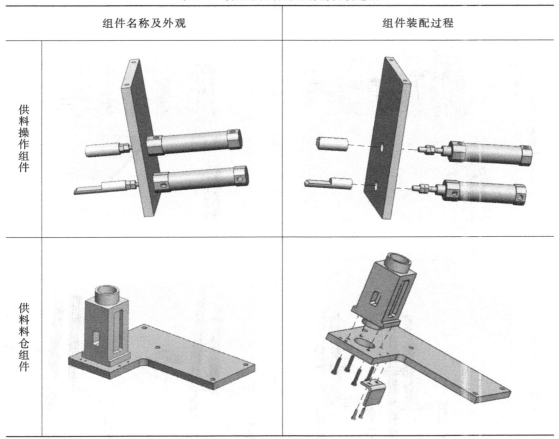
供料料仓组件	

组件名称及外观	组件装配过程
回转机构及装配台组件	
装配机械手组件	
工作单元支撑架组件	注：左右支撑架装配完毕后，再安装到底板上

完成以上组件的装配后,按表 7-2 所示的顺序进行总装。

表 7-2 装配单元的总装配过程

（1）将回转机构及装配台组件安装到支撑架上	（2）安装供料料仓组件
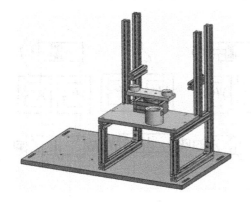	
（3）安装供料操作组件和工作单元支撑架组件	（4）安装装配机械手组件
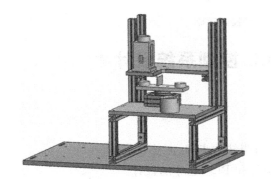	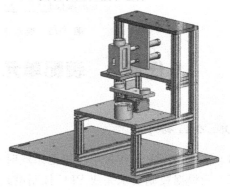

在完成以上总装配过程后,把电磁阀组组件安装到底板上,如图 7-11 所示。

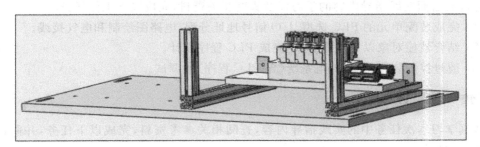

图 7-11 把电磁阀组组件安装在底板上

最后,安装警示灯及其传感器,从而完成装配单元机械部分的装配。

2. 装配注意事项

（1）装配时要注意摆台的初始位置,以免装配完成后摆动角度不到位。

（2）预留的螺栓放置空间一定要足够,以免造成组件之间不能完成安装。

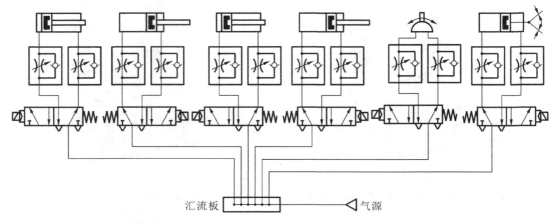

二、气路连接和调试

装配单元的气动元件较多,在气路安装前要做好准备与规划,按照图 7-12 进行气路连接。在进行气路连接时,要注意各气缸的初始位置,其中,挡料气缸在伸出位置,手爪提升气缸在提起位置。

汇流板　　　　◁ 气源

图 7-12　装配单元的气动控制回路

◀ 任务 2　装配单元 PLC 控制系统设计 ▶

【能力目标】

(1) 掌握装配单元作为单一机电系统时安装与调试的步骤、方法及规范。
(2) 能根据控制要求完成 PLC 控制电路的设计和 PLC 程序的设计。

【工作任务】

通过对后面实践指导内容的学习以及查阅相关资料,完成以下工作任务。
(1) 完成装配单元的 PLC 选型、I/O 信号地址分配、电路图绘制和电气接线。
(2) 结合被控对象以及功能要求,完成 PLC 程序设计。
(3) 通过控制装置,完成机电系统(含 PLC 程序)的调试。

【资讯 & 计划】

认真学习本次任务中的实践指导内容,查阅相关参考资料,完成以下任务,并制订完成工作任务的计划。
(1) 掌握 PLC 选型和 I/O 信号地址分配的依据与方法。
(2) 掌握 PLC 控制电路设计的思路以及电路图的绘制方法。
(3) 掌握电路连接与调试的方法。
(4) 完成控制任务的分析并给出关键技术的解决方法。
(5) 完成 PLC 程序的设计、调试与运行。

【实践指导】

一、PLC 控制电路设计

1. PLC 的选型

装配单元的 I/O 点较多，PLC 可选用西门子 S7-200 系列的 CPU 226 AC/DC/RLY 型，共 24 点输入，16 点继电器输出。

2. I/O 信号地址分配

根据输入、输出元件的数量和作用，进行 PLC 的 I/O 信号地址分配，如表 7-3 所示。

表 7-3　装配单元 PLC 的 I/O 信号地址分配

输入信号				输出信号			
序号	PLC输入点	信号名称	信号来源	序号	PLC输出点	信号名称	信号来源
1	I0.0	物料不足	装置侧	1	Q0.0	挡料电磁阀	装置侧
2	I0.1	物料有无		2	Q0.1	顶料电磁阀	
3	I0.2	左料盘物料		3	Q0.2	回转电磁阀	
4	I0.3	右料盘物料		4	Q0.3	手爪夹紧电磁阀	
5	I0.4	装配台		5	Q0.4	手爪松开电磁阀	
6	I0.5	顶料到位		6	Q0.5	手爪下降电磁阀	
7	I0.6	顶料复位		7	Q0.6	手爪伸出电磁阀	
8	I0.7	挡料状态		8	Q0.7	红色警示灯	
9	I1.0	落料状态		9	Q1.0	黄色警示灯	
10	I1.1	摆动气缸左限位		10	Q1.1	绿色警示灯	
11	I1.2	摆动气缸右限位		11	Q1.2		
12	I1.3	手爪夹紧		12	Q1.3		
13	I1.4	手爪下降到位		13	Q1.4		
14	I1.5	手爪上升到位		14	Q1.5	HL1	按钮指示灯模块
15	I1.6	手臂缩回到位		15	Q1.6	HL2	
16	I1.7	手臂伸出到位		16	Q1.7	HL3	
17	I2.0						
18	I2.1						
19	I2.2						
20	I2.3						
21	I2.4	停止按钮	按钮指示灯模块				
22	I2.5	启动按钮					
23	I2.6	急停按钮					
24	I2.7	单机/联机					

3. 控制电路图的绘制

按照表7-3，完成 PLC 控制电路图的绘制，如图7-13所示。

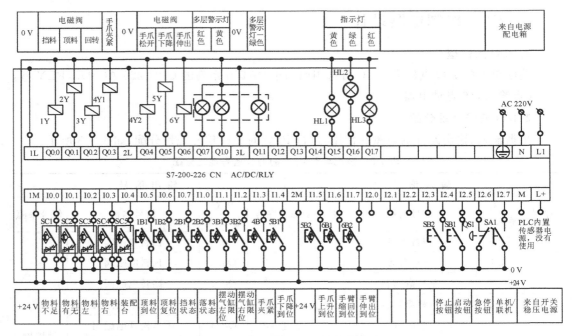

图 7-13　装配单元 PLC 控制电路图

二、电气接线与传感器调试

装配单元装置侧的接线端口信号端子的分配如表7-4所示。PLC 输入信号和输出信号的电气接线分别如图7-14和图7-15所示，由于输入、输出点较多，故在电气接线过程中需要认真核实，避免接错。电气接线和气动接线完成后，便可进行电气调试，传感器的调试方法前面已表述过，这里不再赘述。

表 7-4　装配单元装置侧的接线端口信号端子的分配

输入端口中间层			输出端口中间层		
端子号	设备符号	信号线	端子号	设备符号	信号线
2	BG1	物料不足检测	2	1Y	挡料电磁阀
3	BG2	物料有无检测	3	2Y	顶料电磁阀
4	BG3	左料盘物料检测	4	3Y	回转电磁阀
5	BG4	右料盘物料检测	5	4Y	手爪夹紧电磁阀
6	BG5	装配台工件检测	6	5Y	手爪下降电磁阀
7	1B1	顶料到位检测	7	6Y	手爪伸出电磁阀
8	1B2	顶料复位检测	8	HL1	红色警示灯
9	2B1	挡料伸出到位检测	9	HL2	黄色警示灯
10	2B2	挡料缩回到位检测	10	HL3	绿色警示灯
11	5B1	摆动气缸左限位检测	11		

输入端口中间层			输出端口中间层		
端子号	设备符号	信号线	端子号	设备符号	信号线
12	5B2	摆动气缸右限位检测	12		
13	6B2	手爪夹紧检测	13		
14	4B2	手爪下降到位检测	14		
15	4B1	手爪上升到位检测			
16	3B1	手臂缩回到位检测			
17	3B	手臂伸出到位检测			

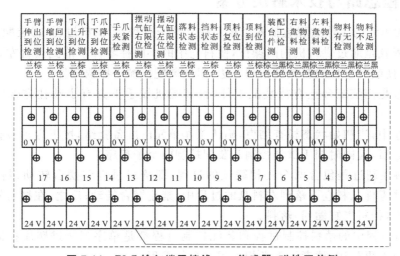

图 7-14　PLC 输入端子接线——传感器、磁性开关侧

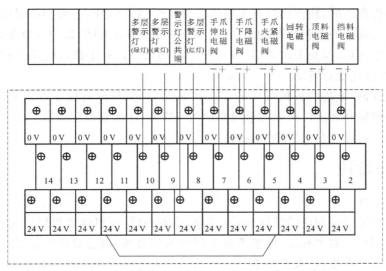

图 7-15　PLC 输出端子接线——电磁阀、执行机构侧

【决策 & 实施】

根据装配单元机电控制系统的具体要求,自主完成以下工作任务:

(1) 根据被控对象和功能需要,给出关键技术的解决方案和编程思路。

(2) 根据控制需求,完成 PLC 程序的设计与调试。

(3) 通过控制装置,完成机电控制系统的验证。

【实践指导】

一、编程思路与技术解决方案

(1) 装配单元的工作过程包括两个相互独立的子过程:①供料过程;②装配过程。

供料过程就是通过供料机构的操作,使料仓中的小圆柱零件下落到摆台左边料盘上,然后摆台转动,使装有零件的料盘转移到右边,以便装配机械手抓取零件。

装配过程是当装配台上有待装配工件,且装配机械手下方有小圆柱零件时,进行装配操作。

在主程序中,当初始状态检查结束,确认工作单元已准备就绪,按下启动按钮,工作单元进入运行状态后,应同时调用供料控制和装配控制两个子程序。

(2) 供料控制过程包含两个互相联锁的过程,即落料过程和摆台转动、料盘转移的过程。在小圆柱零件从料仓下落到左料盘的过程中,禁止摆台转动;反之,在摆台转动过程中,禁止打开料仓(挡料气缸缩回)落料。

(3) 供料过程中的落料控制过程和装配控制过程都是单序列步进顺序控制过程,具体编程步骤这里不再赘述,读者可参考相关程序自行编程。

(4) 停止运行有两种情况,一是在运行中按下停止按钮,停止指令被置位;二是当料仓中最后一个零件落下时,检测物料有无的传感器动作(X001 OFF),发出缺料报警。

对于供料过程中的落料控制,上述两种情况均应在料仓关闭、顶料气缸复位到位即顶料气缸返回到初始步后,停止下次落料,并复位落料初始步。对于摆台转动控制,一旦停止指令发出,应立即停止摆台转动。

对于装配控制,上述两种情况均应在一次装配完成,装配机械手返回到初始位置后停止。仅当落料机构和装配机械手均返回到初始位置后,才能复位运行状态标志和停止指令。停止运行的操作程序应在主程序中编制。

二、程序设计

1. 主程序设计

每个工作单元的主程序的结构和设计思路基本相同,所以读者可以参考供料单元的主程序来编制装配单元的主程序,这里不再全部展示和分析,重点提供停止/复位控制子程序和摆台运行控制子程序,供大家参考。

1) 供料控制子程序与装配控制子程序

设备准备好后,调用供料(落料)控制和装配(抓取)控制两个子程序的梯形图如图 7-16 所示。

2）停止/复位控制子程序

按下停止按钮，系统将复位落料控制和抓取控制子程序中的 S0.0 与 S2.0，以及置位停止指令标志 M1.1，参考程序如图 7-17 所示。

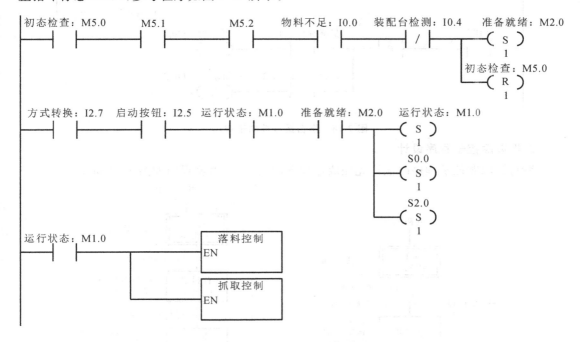

图 7-16　调用落料控制和抓取控制子程序的梯形图

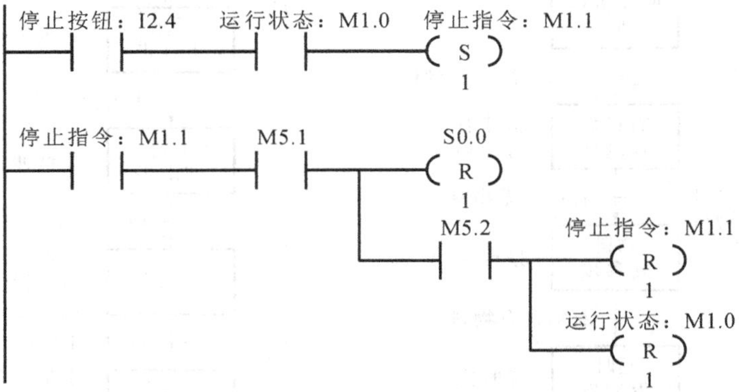

图 7-17　停止/复位控制子程序

3）摆台运行控制子程序

摆台运行的控制方法：①当摆台的左限位或右限位磁性开关动作并且左料盘内没有料，经定时确认后，开始落料过程；②当挡料气缸伸出到位，料仓关闭，左料盘内有物料而右料盘为空，经定时确认后，开始摆台转动过程，直到摆台到达限位位置。参考程序如图 7-18 所示。

2. 落料顺控子程序设计

编写落料顺控子程序时应该先完成流程图的书写，参考流程图如图 7-19 所示。

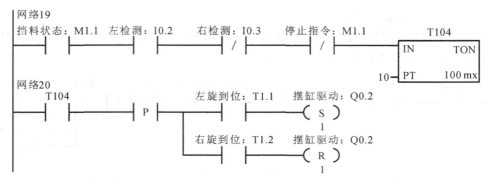

图 7-18　摆台运行控制子程序

3. 抓取顺控子程序设计

编写抓取顺控子程序时应该先完成流程图的书写,参考流程图如图 7-20 所示。

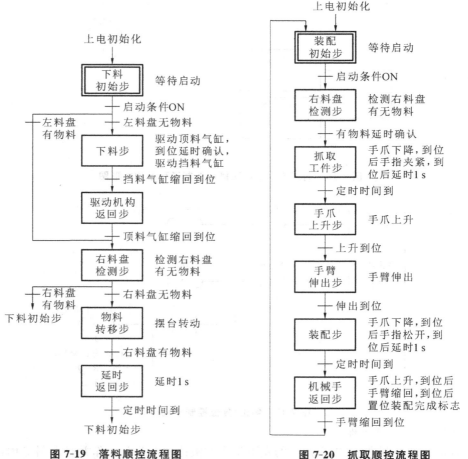

图 7-19　落料顺控流程图　　　　图 7-20　抓取顺控流程图

4. 状态显示子程序设计

装配单元状态显示不仅使用了按钮指示灯模块上的三盏灯,还使用了三层系统警示灯。三层系统警示灯的控制方法和按钮指示灯模块上的灯一样,使用时,只需在程序中将同类型灯并联输出即可。下面为大家提供了三层系统警示灯的状态显示参考程序,图 7-21、图 7-22 和图 7-23 所示分别为绿色警示灯、红色警示灯和黄色警示灯的显示控制程序。

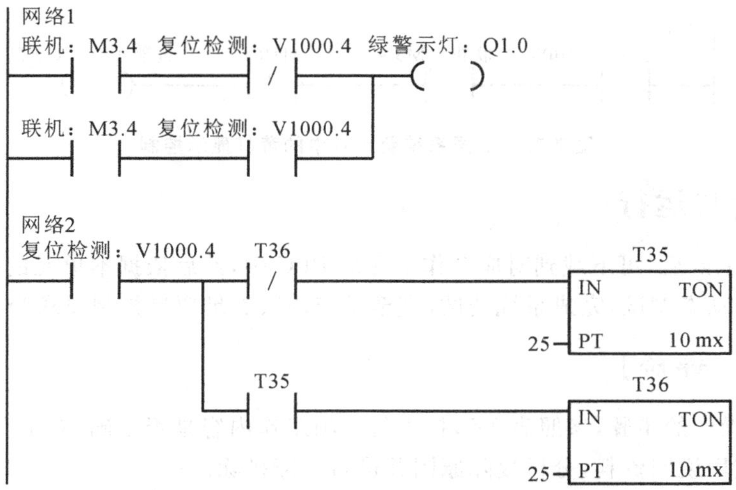

网络1
联机：M3.4　复位检测：V1000.4　绿警示灯：Q1.0

联机：M3.4　复位检测：V1000.4

网络2
复位检测：V1000.4　T36

T35　IN　TON
25 — PT　10 mx

T35

T36　IN　TON
25 — PT　10 mx

图 7-21　三层系统警示灯中的绿灯显示控制

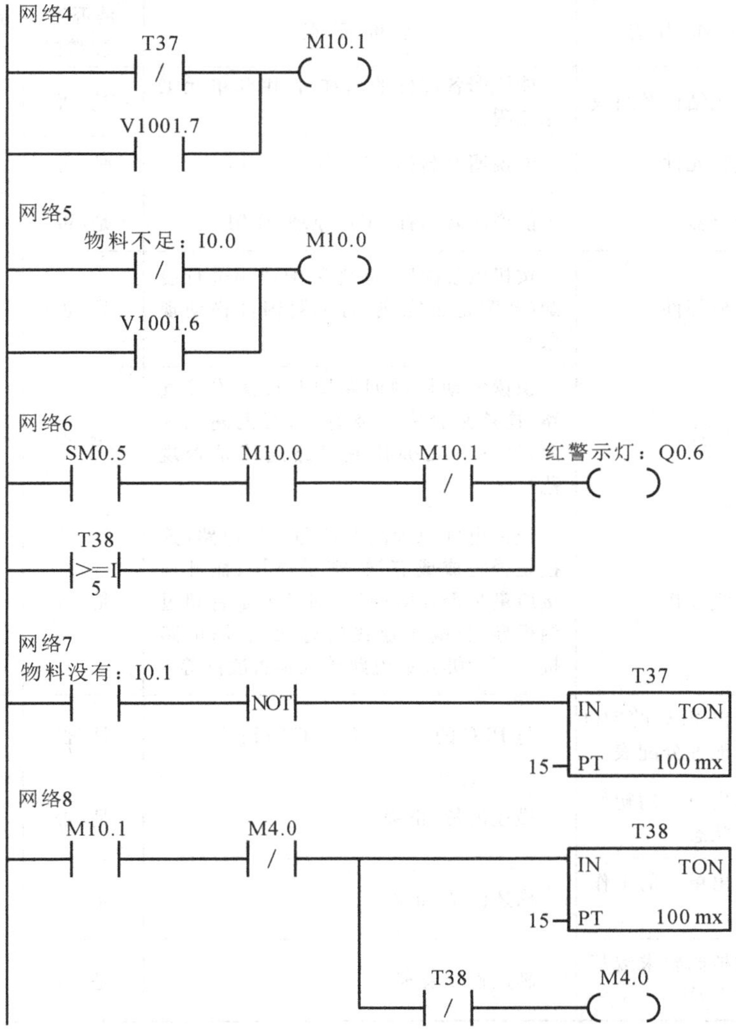

网络4
T37　M10.1

V1001.7

网络5
物料不足：I0.0　M10.0

V1001.6

网络6
SM0.5　M10.0　M10.1　红警示灯：Q0.6

T38
>=I
5

网络7
物料没有：I0.1　NOT

T37　IN　TON
15 — PT　100 mx

网络8
M10.1　M4.0

T38　IN　TON
15 — PT　100 mx

T38　M4.0

图 7-22　三层系统警示灯中的红灯显示控制

网络3
全线运行：V1000.0　联机：M3.4　　　M10.1　　　黄警示灯：Q0.7

图 7-23　三层系统警示灯中的黄灯显示控制

三、调试与运行

PLC 程序编好后，可下载到对应工作单元的 PLC 中，然后依据本单元的执行动作过程，通过在线监控、动态调试，完成系统调试，直至系统调试满足项目控制要求为止。

【检查 & 评价】

根据实践操作的步骤，参照表 7-5，检查每一项工作内容是否正确，对于存在的问题或故障，查阅设备使用说明资料，分析故障原因并进行故障排除。

表 7-5　装配单元学习评价总表

任　务	工作内容	评 价 要 点	是否完成/掌握	存在的问题及其分析与解决方法
认识装配单元	单元结构及组成	能说明各部件的名称、作用和单元工作流程	是/否	
	执行元件	能说明其名称、工作原理、作用	是/否	
	传感器	能说明其名称、工作原理、作用	是/否	
装配单元安装	机械部件	按机械装配图，参考装配视频进行装配（装配是否完成；有无紧固件松动现象）	是/否	
	气动连接	识读气动控制回路图并按图连接气路（连接是否完成或有误；有无漏气现象；气管有无绑扎或气路连接是否规范）	是/否	
	电气连接	识读电气原理图并按图连接电路（连接是否完成或有误；端子连接、插针压接质量是否合格；同一端子上是否超过两根导线；端子连接处有无线号；电路接线有无绑扎或电路接线是否凌乱等）	是/否	
编制装配单元PLC控制程序	写出 PLC 的 I/O 信号地址分配表	与 PLC 的 I/O 接线原理图相符	是/否	
	写出单元的初始工作状态	描述清楚、正确	是/否	
	写出单元的工作流程	描述清楚、正确	是/否	
	按控制要求编写PLC 程序	满足控制要求	是/否	

任　务	工 作 内 容	评 价 要 点	是否完成/掌握	存在的问题及其分析与解决方法
装配单元运行与调试	机械	满足控制要求	是/否	
	电气检测元件	满足控制要求	是/否	
	气动系统	不漏气,动作平稳(气缸节流阀调整是否恰当)	是/否	
	PLC 程序	满足控制要求(装配操作顺序是否合理)	是/否	
	填写调试运行记录表	符合控制要求	是/否	
职业素养与安全意识		现场操作安全保护符合安全操作规程	是/否	
		工具摆放、包装物品、导线线头等的处理符合职业岗位的要求	是/否	
		团队既有分工又有合作,配合紧密	是/否	
		遵守纪律,尊重老师,爱惜实训设备和器材,保持工位整洁	是/否	

分拣单元运行的装调

本项目只考虑分拣单元作为独立设备运行时的情况,分拣单元的按钮指示灯模式上的工作方式选择开关应置于"单站方式"位置。

具体控制要求如下:

(1)分拣单元的工作目标是完成对白色芯金属工件、白色芯塑料工件和黑色芯金属或塑料工件的分拣。为了在分拣时准确推出工件,要求使用旋转编码器进行定位检测,并且工件材料和芯体颜色属性应在推料气缸前的适应位置被检测出来。

(2)设备上电和气源接通后,若工作单元的三个气缸均处于缩回位置,则"正常工作"指示灯 HL1 长亮,表示设备已准备好。否则,该指示灯以 1 Hz 的频率闪烁。

(3)若设备已准备好,按下启动按钮,系统启动,"设备运行"指示灯 HL2 长亮。当传送带入料口处有人工放下的已装配好的工件时,变频器即启动,驱动传动电动机以频率固定为30 Hz 的速度把工件带往分拣区。

如果工件为白色芯金属件,则该工件对到达1号滑槽中间,传送带停止,工件对被推到1号槽中;如果工件为白色芯塑料件,则该工件对到达 2 号滑槽中间,传送带停止,工件对被推到 2 号槽中;如果工件为黑色芯工件,则该工件对到达 3 号滑槽中间,传送带停止,工件对被推到 3 号槽中。工件被推出滑槽后,分拣单元的一个工作周期结束。仅当工件被推出滑槽后,才能再次向传送带下料。

如果在运行期间按下停止按钮,则分拣单元在本工作周期结束后停止运行。

要求完成如下任务:

(1)完成系统安装、电路接线和气路连接。

(2)完成 PLC 的 I/O 信号地址分配,绘制 PLC 控制电路图。

(3)编制 PLC 控制程序。

(4)进行系统调试与运行。

◀ 任务 1 分拣单元机械与气动元件的装调 ▶

【能力目标】

(1)了解分拣单元的结构组成、作用及特点。

(2)会分析分拣单元的动作过程。

(3)能够依据机械和电气安装规范,完成机械、气路和电气部件的装调。

【工作任务】

通过对后面实践指导内容的学习以及查阅相关资料,完成以下工作任务:

（1）将分拣单元拆成组件和零件的形式，然后再组装成原样，安装内容包括机械部分的装配、气路的连接与调整以及电气接线。

（2）通过控制装置，验证装置装调的效果。

【相关知识】

一、控制装置的结构组成及作用

分拣单元是 YL-335B 中的末单元，具备对上一工作单元送来的已加工、装配好的工件进行分拣，使不同颜色的工件从不同的料槽分流的功能。当输送单元送来的工件放到传送带上并被入料口光电传感器检测到时，即启动变频器，工件被送入分拣区进行分拣。

分拣单元主要结构组成：传送和分拣机构、传动带驱动机构、变频器模块、电磁阀组、接线端口、PLC 模块、按钮指示灯模式及底板等。其中，分拣单元的机械结构总成如图 8-1 所示。

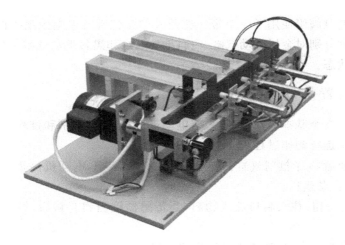

图 8-1 分拣单元的机械结构总成

1. 传送和分拣机构

传送和分拣机构主要由传送带、出料滑槽、推料（分拣）气缸、漫射式光电传感器、光纤传感器、磁感应接近式传感器等组成。该机构用于传送已经加工、装配好的工件，在光纤传感器检测到工件时对其进行分拣。

传送带对机械手输送过来的已加工好的工件进行传输，输送至分拣区。导向器用于纠偏机械手输送过来的工件。两条物料槽分别用于存放加工好的黑色工件、白色或金属工件。

2. 传动带驱动机构

传动带驱动机构如图 8-2 所示。传动带驱动机构用于拖动传送带从而输送物料，它主要由电动机支架、电动机、联轴器等组成。

三相电动机是传动带驱动机构的主要部分，电动机转速的快慢由变频器来控制，其作用是驱动传送带从而输送物料。电动机支架用于固定电动机。联轴器把电动机的轴和传送带主动轮的轴连接起来，从而形成一个传动机构。

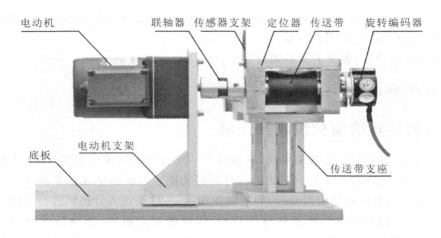

电动机　　　　　　　　联轴器　传感器支架　定位器　传送带　　旋转编码器

底板　　电动机支架　　　　　　　　　　　　　　　　　　传送带支座

图 8-2　传动带驱动机构

3. 电磁阀组

分拣单元的电磁阀组使用了 3 个带手控开关的二位五通单电控电磁阀,它们安装在汇流板上。这 3 个阀分别对金属推动气缸、白料推动气缸和黑料推动气缸的气路进行控制,以改变各自的动作状态。

二、控制装置的动作过程

分拣单元包括 3 个基本动作过程:入料电动机运行、物料识别和推料入仓。

1. 入料电动机运行动作过程

系统气源接通后,3 个推料气缸的初始位置在缩回状态,电动机停止,入料口无料,各传感器无信号,等待设备运行。

(1) 按下启动按钮,往入料口放入物料,当传感器检测到有料后,控制系统便控制电动机运转;

(2) 旋转编码器工作,统计传送带运行的位移。

2. 物料识别动作过程

当传送带将物料输送到传感器支架时,传感器采集信号,信号被送给 PLC,系统执行物料识别指令,完成物料识别。

3. 推料入仓动作过程

当物料到达对应仓位后,该仓位的推料气缸将物料推进料仓,完成入仓动作,电动机停止运行。

【实践指导】

一、机械部件和气缸的安装

分拣单元的机械装配可按如下 3 个阶段进行。

(1) 完成传送机构组件的组装,装配传送带装置及其支座,然后将传送机构组件安装到底板上。如图8-3和图 8-4 所示。

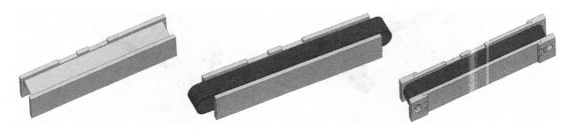

图 8-3　传送机构组件安装 1

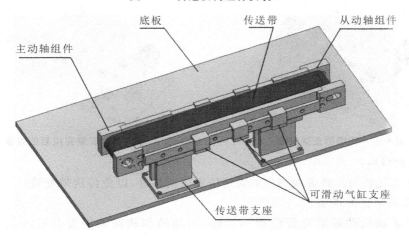

图 8-4　传送机构组件安装 2

（2）完成驱动电动机组件的装配，进一步装配联轴器，把驱动电动机组件与传送机构组件相连接并固定在底板上，如图 8-5 所示。

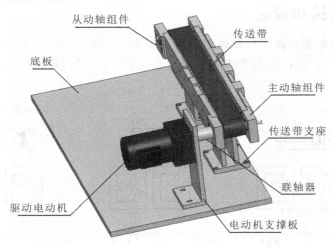

图 8-5　驱动电动机组件安装

（3）继续完成推料气缸支架、推料气缸、传感器支架、出料滑槽及支撑板等的装配，如图 8-6 至图 8-8 所示。安装完成后的效果如图 8-9 所示。

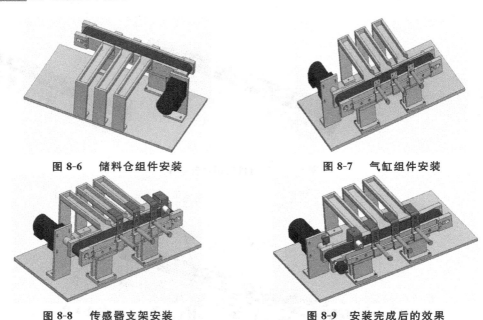

图 8-6　储料仓组件安装　　　　　　　　图 8-7　气缸组件安装

图 8-8　传感器支架安装　　　　　　　　图 8-9　安装完成后的效果

安装注意事项：

① 传送带托板与传送带两侧板的固定位置应调整好，以免传送带安装好后凹入侧板表面，造成推料被卡住的现象。

② 主动轴和从动轴的安装位置不能错，主动轴和从动轴的安装板的位置不能相互调换。

③ 传送带张紧度的调整应适中。

④ 要保证主动轴和从动轴平行。

二、气路连接和调试

分拣单元气动控制回路工作原理图如图 8-10 所示，图中 1A、2A 和 3A 分别为分拣气缸 1、分拣气缸 2 和分拣气缸 3。按照气路原理安装气缸、气管等气路元件，确保气路畅通，密封良好，符合规范。

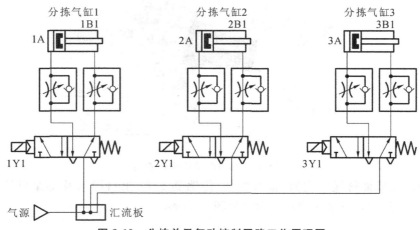

图 8-10　分拣单元气动控制回路工作原理图

◀ 任务 2　分拣单元 PLC 控制系统设计 ▶

【能力目标】

(1) 掌握分拣单元作为单一机电系统时安装与调试的步骤、方法及规范。

(2) 掌握变频器参数设定的步骤和方法。

(3) 能根据控制要求完成变频器参数设定及脉冲测定、PLC 控制电路设计和 PLC 程序设计。

【工作任务】

通过对后面实践指导内容的学习以及查阅相关资料,完成以下工作任务:

(1) 完成分拣单元的 PLC 选型、I/O 信号地址分配、电路图绘制和电气接线。

(2) 结合被控对象以及功能要求,完成变频器参数设定、PLC 程序设计。

(3) 通过控制装置,完成机电系统(含 PLC 程序)的调试。

【资讯 & 计划】

认真学习本次任务中的实践指导内容,查阅相关参考资料,完成以下任务,并列出完成工作任务的计划。

(1) 掌握 PLC 选型和 I/O 信号地址分配的依据与方法。

(2) 掌握 PLC 控制电路设计的思路以及电路图的绘制方法。

(3) 掌握电路连接与调试的方法。

(4) 完成控制任务的分析并给出关键技术的解决方法。

(5) 完成 PLC 程序的设计、调试与运行。

【实践指导】

一、PLC 控制电路设计

1. PLC 的选型

分拣单元 PLC 可选用西门子 S7-200 系列的 CPU 224 AC/DC/RLY 型,共 24 点输入,16 点继电器输出。

2. I/O 信号地址分配

分拣单元仅选用 MM420 变频器端子"5"(DIN1)作为电动机启动和频率控制的信号输入端,该端子只需要将变频器信号设定为"来源于端子",且为"数字信号控制",然后将频率控制设定为 0～50 Hz 之间的所需频率即可,也就是用固定频率方式控制变频器。分拣单元 PLC 的 I/O 信号地址分配表如表 8-1 所示。

表 8-1　分拣单元 PLC 的 I/O 信号地址分配表

输入信号				输出信号			
序号	PLC输入点	信号名称	信号来源	序号	PLC输出点	信号名称	信号来源
1	I0.0	旋转编码器 B 相		1	Q0.0	电动机启动	变频器
2	I0.1	旋转编码器 A 相		2	Q0.1		
3	I0.2	旋转编码器 Z 相		3	Q0.2		
4	I0.3	入料口工件检测		4			
5	I0.4	工件颜色检测	装置侧	5	Q0.3		
6	I0.5	金属工件检测		6	Q0.4		
7	I0.6			7	Q0.5		
8	I0.7	推杆1推出到位检测		8	Q0.6		
9	I1.0	推杆2推出到位检测		9	Q0.7	HL1	按钮指示灯模块
10	I1.1	推杆3推出到位检测		10	Q1.0	HL2	
11	I1.2	停止按钮	按钮指示灯模块				
12	I1.3	启动按钮					
13	I1.4						
14	I1.5	单站/全线					

3. 控制电路图的绘制

根据 PLC 的 I/O 信号地址分配表，按照电气接线标准，完成电动机和变频器的电气接线图的绘制以及 PLC 控制电路的接线，参考图纸分别如图 8-11 和图 8-12 所示。

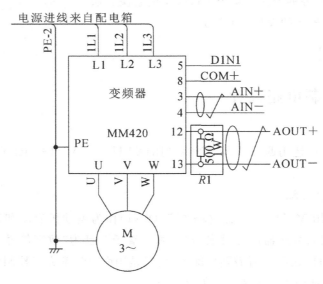

图 8-11　电动机和变频器的接线原理图

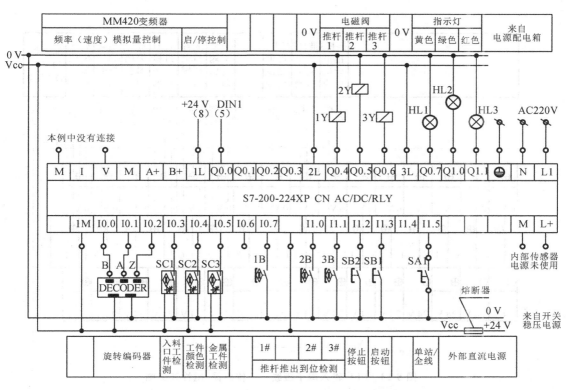

图 8-12 分拣单元 PLC 控制电路原理图

二、电气接线及传感器调试

分拣单元装置侧的接线端口信号端子的分配如表 8-2 所示,按照 PLC 控制电路原理图,下面给出了分拣单元 PLC 输入、输出接线图,分别如图 8-13 和图 8-14 所示,仅供参考。

表 8-2 分拣单元装置侧的接线端口信号端子的分配

输入端口中间层			输出端口中间层		
端子号	设备符号	信号线	端子号	设备符号	信号线
2	DECODER	旋转编码器 A 相	6	1Y	推杆 1 电磁阀
3	DECODER	旋转编码器 B 相	7	2Y	推杆 2 电磁阀
4	DECODER	旋转编码器 Z 相	7	2Y	推杆 2 电磁阀
5	SC1	入料口检测传感器	8	3Y	推杆 3 电磁阀
6	SC2	光纤检测传感器			
7	SC3	金属检测传感器			
9	1B	推杆 1 推出到位检测			
10	2B	推杆 2 推出到位检测			
11	3B	推杆 3 推出到位检测			
4#、8# 及 12#～17# 端子没有连接			2#～5#、9#～14# 端子没有连接		

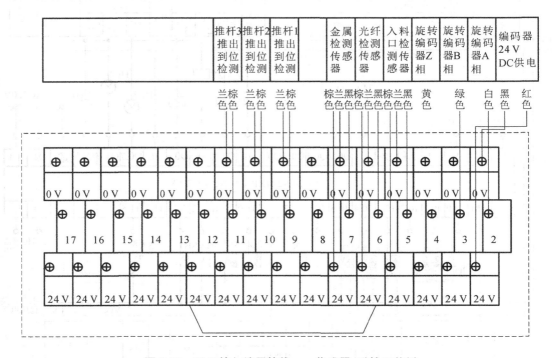

图 8-13　PLC 输入端子接线——传感器、磁性开关侧

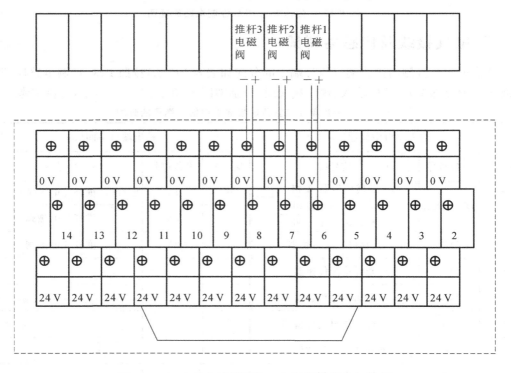

图 8-14　PLC 输出端子接线——电磁阀、执行机构侧

分拣单元所使用的传感器在其他项目中讲解过,这里不再赘述,重点提醒以下几点:

（1）旋转编码器的接线。

① 白色引出线为 A 相线,绿色引出线为 B 相线。

② 编码器的正极电源引线(红色)须连接到装置侧接线端口的＋24 V 稳压电源端子上,不能连接到带有内阻的电源端子 Vcc 上。

（2）变频器和电动机的接线。

① 变频器必须接地且与电动机的接地端子连接。

② 主电路接线与控制电路接线应尽量分开,控制电路连接线应采用屏蔽线,屏蔽层可连接到 PLC 侧。

③ 接线完成后的校验以万用表为主。

【决策 & 实施】

根据分拣单元机电控制系统的具体要求,自主完成以下工作任务:

（1）根据被控对象和功能需要,给出关键技术的解决方案和编程思路。

（2）根据控制需求,完成 PLC 程序的设计与调试。

（3）通过控制装置,完成机电控制系统的验证。

【实践指导】

一、编程思路与技术解决方案

分拣单元传送和分拣工件的工作原理:当输送站送来的工件放到传送带上并为入料口漫射式光电传感器检测到时,检测信号被传输给 PLC,通过 PLC 程序启动变频器,电动机运转驱动传送带工作,把工件带进分拣区,如果进入分拣区的工件为白色,则检测白色物料的光纤传感器动作,1 号槽推料气缸启动,将白色工件推到 1 号槽里;如果进入分拣区的工件为黑色,检测黑色物料的光纤传感器动作,2 号槽推料气缸启动,将黑色工件推到 3 号槽里,自动化生产线结束加工。

分拣单元的控制系统设计需要解决以下几个技术要点。

1. 变频器参数的设定

为了实现固定频率输出,变频器的参数 P0700 和 P1000,应做如下设置:

① 命令源 P0700＝2(外部 I/O),选择频率设定的信号源参数 P1000＝3(固定频率);

② DIN1 功能参数 P0701＝16(直接选择 ＋ ON 命令),建议 P1001 设定为 20 Hz 左右;

③ 斜坡上升时间参数 P1120 设定为 1 s,斜坡下降时间参数 P1121 设定为 0.2 s(注:由于驱动电动机的功率很小,故此参数设定不会引起变频器过电压跳闸)。

参数设定的步骤和方法,以及各参数的意义,可参阅项目 3 或 MM420 变频器使用手册。

2. 特定位置的测定

在图 8-15 中,有几个位移数据需要确定,一是传感器支架与入料口之间的位移,二是 3 个料仓口分别与入料口的位移。

解决问题的方法:编制控制程序前应先编写和运行一个测试程序,现场测试传送带上各特定位置的脉冲数,获得各特定点以入料口中心点为基准原点的坐标值。进一步编制控制

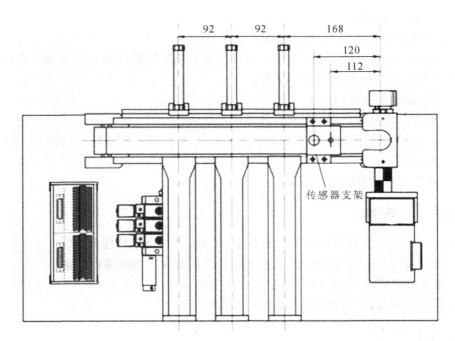

传感器支架

图 8-15　分拣单元装置侧设备平面图

程序时,将通过测试获得的坐标值数据作为已知数据存储,供程序调用。

　　如何获得所需脉冲是技术的突破口,西门子 S7-200 系列 PLC 本身具有对高速脉冲进行统计的内置元件——高速计数器,这为解决脉冲统计问题提供了便利。

　　高速计数器的编程方法有两种,一是采用梯形图或语句表进行正常编程,二是利用 STEP7-Micro/WIN 编程软件中的向导生成高速计数器。不论采用哪一种方法,都先要根据计数输入信号的形式与要求确定计数模式,然后选择计数器编号,确定输入地址。

　　分拣单元所配置的 PLC 采用的是 S7-224 XP AC/DC/RLY 主单元,集成有 5 点的高速计数器,编号为 HSC0~HSC4,每一编号的高速计数器均分配有固定地址的输入端。同时,高速计数器可以被配置为 12 种计数模式中的任意 1 种,如表 8-3 所示。

表 8-3　S7-200PLC 中 HSC0~HSC4 的输入地址和计数模式

计 数 模 式	中 断 描 述	输 入 点			
	HSC0	I0.0	I0.1	I0.2	—
	HSC1	I0.6	I0.7	I1.0	I1.1
	HSC2	I1.2	I1.3	I1.4	I1.5
	HSC3	I0.1	—	—	—
	HSC4	I0.3	I0.4	I0.5	—

计数模式	中断描述	输入点			
0	带有内部方向控制的单相计数器	时钟	—	—	—
1		时钟	—	复位	—
2		时钟	—	复位	启动
3	带有外部方向控制的单相计数器	时钟	方向	—	—
4		时钟	方向	复位	—
5		时钟	方向	复位	启动
6	带有增减计数时钟的双相计数器	增时钟	减时钟	—	—
7		增时钟	减时钟	复位	—
8		增时钟	减时钟	复位	启动
9	A/B 相正交计数器	时钟 A	时钟 B	—	—
10		时钟 A	时钟 B	复位	—
11		时钟 A	时钟 B	复位	启动

利用编程软件的向导生成高速计数器的过程将在程序设计中详细描述。

3. 物料的识别

分拣单元在传感器支架上安装了光纤传感器和金属传感器,光纤传感器能够区分物料的黑白,金属传感器能够识别物料是否为金属,通过这两种传感器的有效组合,便能完成物料的识别。

二、程序设计

1. 主程序设计

1)高速计数器的使用

利用 STEP7-Micro/WIN 编程软件中的向导生成一个统计旋转编码器输出脉冲数量的高速计数器,首先在软件中单击"向导",找到"高速计数器",然后便可一步步按提示完成生成工作。

利用向导生成高速计数器时,需要设定相关参数,根据分拣单元旋转编码器输出脉冲的信号形式(A/B 相正交脉冲,Z 相脉冲不使用,无外部复位和启动信号),由表 8-3 容易确定,所采用的计数模式为模式 9,选用的计数器为 HSC0,A 相脉冲从 I0.0 输入,B 相脉冲从 I0.1 输入,计数倍频设定为 4 倍频,其他参数可忽略。

参数设定完成后,向导自动生成了符号地址为"HSC_INIT"的子程序,如图 8-16 所示。参数设定在主程序块中使用 SM0.1(上电首次扫描 ON)调用此子程序,即完成了高速计数器定义并启动高速计数器,高速计数器初始化与设备初态检查子程序如图 8-17 所示。

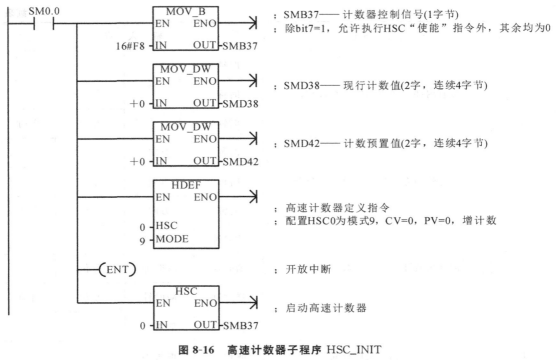

图 8-16　高速计数器子程序 HSC_INIT

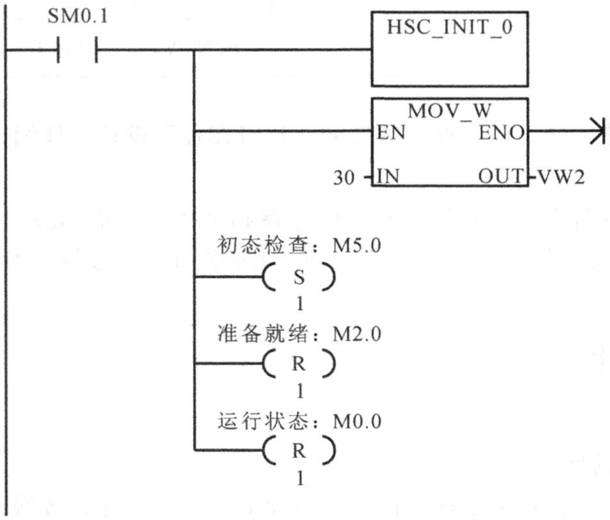

图 8-17　高速计数器初始化与设备初态检查子程序

各特定位置的脉冲值测量方法：先按图 8-18 写入程序，在设备通电、PLC 运行的情况下，打开编程软件中的状态监控表，输入监控对象"HSC0"，然后在入料口中心位置放下一个工件，拨动传送带，使工件从入料口移动到特定位置中心点处，根据状态监控表统计的数据，确定各特定位置的脉冲值。

图 8-18　调用高速计数器子程序 HSC_INIT

- 入料口到传感器支架位置的脉冲数为 1 800,存储在 VD10 单元中(双整数)。
- 入料口到推杆 1 位置的脉冲数为 2 500,存储在 VD14 单元中。
- 入料口到推杆 2 位置的脉冲数为 4 000,存储在 VD18 单元中。
- 入料口到推杆 3 位置的脉冲数为 5 400,存储在 VD22 单元中。

可以使用数据块对上述 V 存储器赋值,在 STEP7-Micro/WIN 界面项目指令树中,选择"数据块"→"用户定义 1",在所出现的数据页界面上逐行键入 V 存储器的起始地址、数据值及其注释(可选),允许逗号、制表符或空格作为地址和数据的分隔符号,如图 8-19 所示。

图 8-19 使用数据块对 V 存储器赋值

2)初态检查与准备就绪

设备在启动运行之前有必要进行初态检查,参考程序如图 8-17 所示。设备正常后,系统方可进行准备就绪的自检,参考程序如图 8-20 所示,若系统已准备就绪,则系统启动,进入工作状态,若未准备就绪,则系统将无法启动,需检查原因,直至准备就绪为止。

图 8-20 系统准备就绪自检程序

3)启动/停止程序

设备准备就绪后,按下启动按钮,设备开始运行,就可以调用分拣子程序。当设备运行时,按下停止按钮,本工作周期结束后,设备停止。启动/停止程序梯形图如图 8-21 所示。

2. 分拣控制子程序设计

分拣控制子程序也是一个步进顺控子程序,编程思路如下:

① 当传感器检测到待分拣工件被放到入料口后,清零 HSC0 当前值,以固定频率启动变频器,驱动电动机运转。分拣控制子程序初始步梯形图如图 8-22 所示。

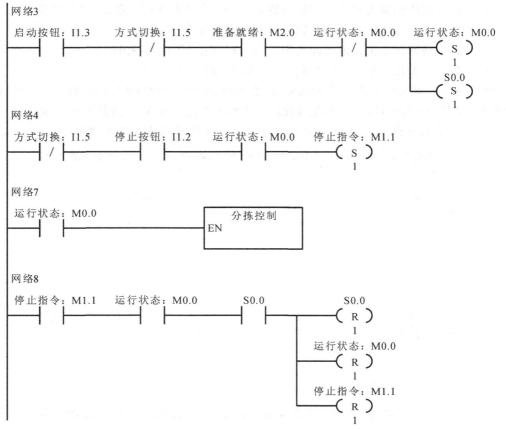

图 8-21 启动/停止程序梯形图

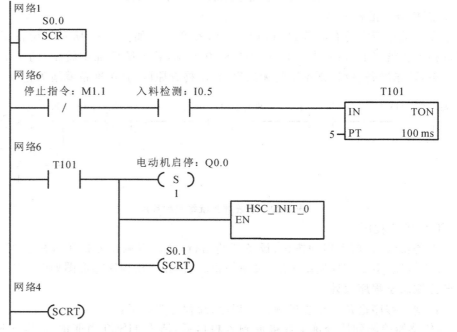

图 8-22 分拣控制子程序初始步梯形图

② 当工件经过安装有传感器的支架的光纤探头和电感式传感器时,根据这两个传感器动作与否,判别工件的属性,决定程序的流向。HSC0 当前值与传感器位置值的比较可采用触点比较指令实现。物料识别梯形图如图 8-23 所示。

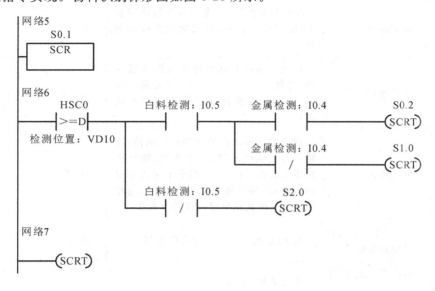

图 8-23　物料识别梯形图

③ 根据工件属性和分拣任务要求,在相应的推料气缸位置把工件推出。推料气缸返回后,分拣控制子程序返回初始步。

3. 状态显示子程序设计

分拣单元状态显示子程序设计较为简单,请读者参考前面的项目。

三、调试与运行

PLC 程序编好后,可下载到对应工作单元的 PLC 中,然后依据本工作单元的执行动作过程,通过在线监控、动态调试,完成系统调试,直至系统调试满足项目控制要求为止。

【检查 & 评价】

根据实践操作的步骤,参照表 8-4,检查每一项工作内容是否正确,对于存在的问题或故障,查阅设备使用说明资料,分析故障原因并进行故障排除。

表 8-4　分拣单元学习评价总表

任务	工作内容	评价要点	是否完成/掌握	存在的问题及其分析与解决方法
认识分拣单元	单元结构及组成	能说明各部件的名称、作用及单元工作流程	是/否	
	执行元件	能说明其名称、工作原理、作用	是/否	
	传感器	能说明其名称、工作原理、作用	是/否	

任 务	工作内容	评 价 要 点	是否完成/掌握	存在的问题及其分析与解决方法
分拣单元安装	机械部件	按机械装配图,参考装配视频进行装配(装配是否完成;有无紧固件松动现象)	是/否	
	气动连接	识读气动控制回路图并按图连接气路(连接是否完成或有误;有无漏气现象;气管有无绑扎或气路连接是否规范)	是/否	
	电气连接	识读电气原理图并按图连接电路(连接是否完成或有误;端子连接、插针压接质量是否合格;同一端子上是否超过两根导线;端子连接处有无线号;电路接线有无绑扎或电路接线是否凌乱)	是/否	
编制分拣单元PLC控制程序	写出 PLC 的 I/O 信号地址分配表	与 PLC 的 I/O 接线原理图相符	是/否	
	写出单元的初始工作状态	描述清楚、正确	是/否	
	写出单元的工作流程	描述清楚、正确	是/否	
	按控制要求编写 PLC 程序	满足控制要求	是/否	
分拣单元运行与调试	机械	满足控制要求	是/否	
	电气检测元件	满足控制要求	是/否	
	气动系统	不漏气,动作平稳(气缸节流阀调整是否恰当)	是/否	
	相关参数设置	变频器参数设置满足控制要求	是/否	
	PLC 程序	满足控制要求(能否实现分拣功能;变频器启动时间能否满足控制要求)	是/否	
	填写调试运行记录表	按实际运行情况填写调试运行记录表	是/否	
职业素养与安全意识		现场操作安全保护符合安全操作规程	是/否	
		工具摆放、包装物品、导线线头等的处理符合职业岗位的要求	是/否	
		团队既有分工又有合作,配合紧密	是/否	
		遵守纪律,尊重老师,爱惜实训设备和器材,保持工位整洁	是/否	

输送单元运行的装调

本项目只考虑输送单元作为独立设备运行时的情况,输送单元按钮指示灯模块上的工作方式选择开关应置于"单站方式"位置。输送单元单站运行的目的是测试设备传送工件的功能。前提要求是其他各工作单元已经就位,并且在供料单元的出料台上放置了工件。

具体测试要求如下。

1. 系统复位测试

在输送单元通电后,按下复位按钮 SB1,执行复位操作,使抓取机械手装置回到原点位置。在复位过程中,"正常工作"指示灯 HL1 以 1 Hz 的频率闪烁。

若抓取机械手装置回到原点位置,且输送单元各个气缸满足初始位置的要求,则复位完成,"正常工作"指示灯 HL1 长亮。按下启动按钮 SB2,设备启动,"设备运行"指示灯 HL2 也长亮,开始功能测试过程。

2. 正常运行测试

(1) 抓取机械手装置从供料单元出料台抓取工件,抓取的顺序:手臂伸出→手爪抓取并夹紧工件→提升台上升→手臂缩回。

(2) 抓取动作完成后,伺服电动机驱动抓取机械手装置向加工单元移动,移动速度不小于300 mm/s。

(3) 抓取机械手装置移动到加工单元物料台的正前方后,把工件放到加工单元物料台上。抓取机械手装置在加工单元放下工件的顺序:手臂伸出→提升台下降→手爪松开并放下工件→手臂缩回。

(4) 放下工件动作完成 2 s 后,抓取机械手装置执行抓取加工单元工件的操作。抓取的顺序与在供料单元抓取工件的顺序相同。

(5) 抓取动作完成后,伺服电动机驱动抓取机械手装置移动到装配单元物料台的正前方,然后把工件放到装配单元物料台上。其动作顺序与在加工单元放下工件的顺序相同。

(6) 放下工件动作完成 2 s 后,抓取机械手装置执行抓取装配单元工件的操作。抓取的顺序与在供料单元抓取工件的顺序相同。

(7) 抓取机械手装置的手臂缩回后,摆台逆时针旋转 90°,伺服电动机驱动抓取机械手装置从装配单元向分拣单元运送工件,到达分拣单元传送带上方入料口后把工件放下,动作顺序与在加工单元放下工件的顺序相同。

(8) 放下工件动作完成后,抓取机械手装置的手臂缩回,然后执行返回原点的操作。伺服电动机驱动抓取机械手装置以 400 mm/s 的速度返回,返回 900 mm 后,摆台顺时针旋转 90°,然后以100 mm/s 的速度返回原点停止。

当抓取机械手装置返回原点后,一个测试周期结束。当供料单元的出料台上放置了工件时,再按一次启动按钮 SB2,开始新一轮的测试。

3. 异常情况测试

若在工作过程中按下急停按钮 QS,则系统立即停止运行。在急停复位后,从急停前的断点开始继续运行。但是,若按下急停按钮时,输送单元的抓取机械手装置正在向某一目标点移动,则急停复位后抓取机械手装置应首先返回原点位置,然后再向原目标点运动。

在急停状态时,绿色指示灯 HL2 以 1 Hz 的频率闪烁,直到急停复位且系统恢复正常运行后,HL2 恢复长亮。

要求完成如下任务:

(1) 完成系统安装、电路接线和气路连接。

(2) 完成 I/O 信号地址分配,绘制 PLC 控制电路图。

(3) 编制 PLC 控制程序。

(4) 进行系统调试与运行。

◀ 任务1 输送单元机械与气动元件的装调 ▶

【能力目标】

(1) 了解输送单元的结构组成、作用及特点。

(2) 会分析输送单元的动作过程。

(3) 能够依据机械和电气安装规范,完成机械、气路和电气部件的装调。

【工作任务】

通过对后面实践指导内容的学习以及查阅相关资料,完成以下工作任务:

(1) 将输送单元拆成组件和零件的形式,然后再组装成原样,安装内容包括机械部分的装配、气路的连接与调整以及电气接线。

(2) 通过控制装置,验证装置装调的效果。

【相关知识】

一、控制装置的结构组成及作用

输送单元由两大部分组成,一部分是机械整体结构部分(机械组件、气动元件),另一部分则是电气控制部分(传感器、PLC、伺服驱动装置、电气接线端子排组件)。输送单元装置侧部分如图 9-1 所示。

图 9-1 输送单元装置侧部分

1. 抓取机械手装置

抓取机械手装置是一个能实现四自由度运动(即升降、伸缩、气动手指夹紧/松开和沿垂直轴旋转的四维运动)的工作机构,该装置整体安装在直线运动传动组件的滑动溜板上,在直线运动传动组件的带动下整体作直线往复运动,定位到其他各工作单元的物料台,然后完成抓取和放下工件的操作。该装置如图 9-2 所示。

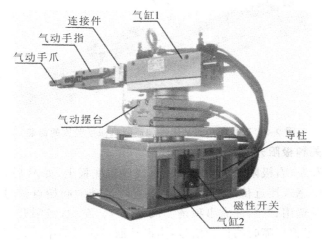

图 9-2　抓取机械手装置

部分构成及其作用如下:

(1)气动手爪:用于在各个工作单元物料台上抓取/放下工件。由一个二位五通双向电控阀控制。

(2)伸缩气缸:用于驱动手臂伸出/缩回。由一个二位五通单向电控阀控制。

(3)回转气缸:用于驱动手臂正反向 90°旋转。由一个二位五通单向电控阀控制。

(4)提升气缸:用于驱动整个抓取机械手装置上升与下降。由一个二位五通单向电控阀控制。

2. 直线运动传动组件

直线运动传动组件用于拖动抓取机械手装置作往复直线运动,完成精确定位的功能,该组件的俯视图如图 9-3 所示。

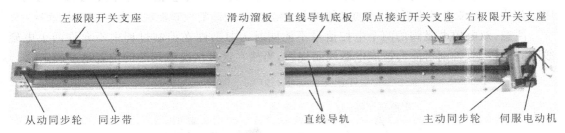

图 9-3　直线运动传动组件的俯视图

直线运动传动组件和抓取机械手装置的组装如图 9-4 所示。

直线运动传动组件由直线导轨底板、伺服电动机及伺服驱动器、同步轮、同步带、直线导轨、滑动溜板、拖链和原点接近开关、极限开关等组成。

伺服电动机由伺服驱动器驱动,通过同步轮和同步带带动滑动溜板沿直线导轨作往复直线运动,从而带动固定在滑动溜板上的抓取机械手装置作往复直线运动。同步轮的齿距为 5 mm,共 12 个齿,即同步轮旋转 1 周时抓取机械手装置移动 60 mm。

抓取机械手装置上的所有气管和导线沿拖链敷设,进入线槽后分别连接到电磁阀组和接线端口上。

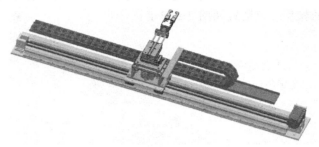

图 9-4　直线运动传动组件和抓取机械手装置的组装

3. 原点接近开关和极限开关

原点接近开关和左、右极限开关均安装在直线导轨底板上,如图 9-5 所示。原点接近开关是一个无触点的电感式接近传感器,用来提供直线运动的起始点信号。关于电感式接近传感器的工作原理及选用、安装注意事项请参阅项目 1。左、右极限开关均是有触点的微动开关,用来提供发生越程故障时的保护信号:当滑动溜板在运动中越过左极限或右极限位置时,极限开关动作,从而向系统发出越程故障信号。

图 9-5　原点接近开关和右极限开关

4. 双电控电磁阀

在气动控制回路中,驱动摆动气缸和气动手指的电磁阀采用的是二位五通双电控电磁阀,双电控电磁阀的外形如图 9-6 所示。

双电控电磁阀不同于单电控电磁阀。单电控电磁阀,在无电信号时,阀芯在弹簧力的作用下会被复位;双电控电磁阀,在两端都无电控信号时,阀芯的位置取决于前一个电控信号。

注意:双电控电磁阀的两个电控信号不能同时为“1”,即在控制过程中不允许两个电磁线圈同时得电,否则可能会造成电磁线圈烧毁,当然在这种情况下阀芯的位置是不确定的。

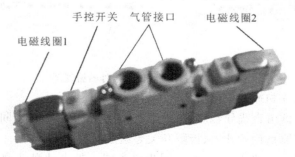

图 9-6　双电控电磁阀的外形

二、控制装置的动作过程

输送单元主要通过直线运动传动机构驱动抓取机械手装置到指定工作单元的物料台上精确定位,并在该物料台上抓取工件,把抓取到的工件输送到指定地点并放下,实现传送工件的功能。主要动作过程如下。

1. 准备检查

系统气源、电源接通后,气爪应为松开状态,升降气缸的初始位置为降落状态,气动摆台应右旋到位,抓取机械手装置的伸缩气缸的初始位置为缩回状态,若系统不满足初始位置要求,需进行复位处理。

2. 抓放工作

抓取动作:伸缩气缸伸出→气动手爪夹紧→升降气缸升起→伸缩气缸缩回→完成抓取工作。

放下动作:伸缩气缸伸出→升降气缸落下→气动手爪松开→伸缩气缸缩回→完成放料工作。

3. 运动过程

完成抓取物料动作后,抓取机械手装置可以按要求完成供料单元→加工单元→装配单元→分拣单元之间的运动。

4. 返回原点

将物料输送到分拣单元后,抓取机械手装置将进行下一个工作循环,需要先返回原点处。

5. 急停动作

当遇到急停按钮被按下的情况时,设备应立即停止运行。

【实践指导】

一、机械部件和气缸的安装

输送单元的组件较多,为了提高安装的速度和准确性,本单元的安装同样遵循先成组件,再进行总装的原则。

1. 直线运动组件的装调

1) 直线导轨的安装步骤及要点

直线导轨是精密机械运动部件,其安装、调整都要遵循一定的方法和步骤,而且输送单元中使用的直线导轨较长,要快速准确地调整好两直线导轨的相互位置,使其运动平稳、受力均匀、运动噪音小。

将滑动溜板与两直线导轨上四个滑块的位置找准并进行固定,在拧紧固定螺栓的时候,应一边推动滑动溜板左右运动一边拧紧固定螺栓。

接下来将连接了四个滑块的滑动溜板从直线导轨的一端取出。由于用于滚动的钢球嵌在滑块的橡胶套内,故一定要避免橡胶套受到破坏或用力太大致使钢球掉落。在滑动溜板上连接好理顺的同步带,再将滑动溜板上的四个滑块依次和导轨的圆柱套接,并安装好惰轮机构和步进电动机固定机构,调整同步带的张紧度。如表 9-1 所示。

表 9-1　直线运动组件的组装步骤

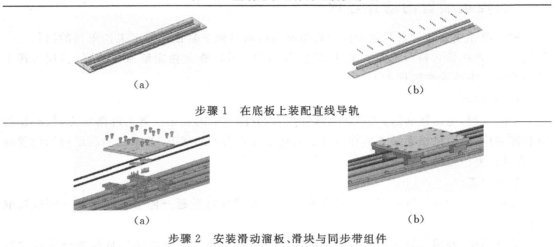

（a）　　　　　　　　　　　　　　（b）

步骤 1　在底板上装配直线导轨

（a）　　　　　　　　　　　　　　（b）

步骤 2　安装滑动溜板、滑块与同步带组件

2）伺服电动机组件的安装步骤及要点

（1）动力头构件的装配。

在安装主动同步轮及其支座时，需注意安装方向。在支座上装入同步轮前，先把同步带套入同步轮。

伺服电动机是一个精密装置，安装时注意不要敲打它的轴端，更不要拆卸电动机。在安装伺服电动机时，将电动机安装板固定在电动机侧同步轮支架组件的相应位置，将电动机与电动机安装板活动连接，并在主动轴、电动机轴上分别套接同步轮，安装好同步带，调整电动机位置，锁紧连接螺栓（见表 9-2 中的步骤 1）。

（2）从动同步轮构件的组装。

安装从动同步轮及其支座时，不仅要注意安装方向，在支座上装入同步轮前，先把同步带套入同步轮，还要调整好同步带的张紧度，锁紧从动同步轮支座的连接螺栓（见表 9-2 中的步骤 2）。

表 9-2　伺服电动机组件的安装步骤

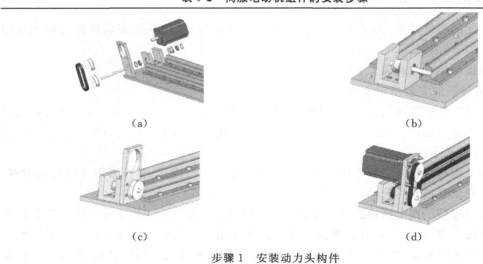

（a）　　　　　　　　　　　　　　（b）

（c）　　　　　　　　　　　　　　（d）

步骤 1　安装动力头构件

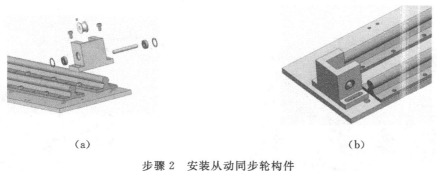

（a）　　　　　　　　　　　　　　　　（b）

步骤 2　安装从动同步轮构件

直线运动组件安装好后的总体效果如图 9-7 所示。

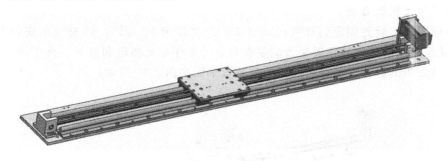

图 9-7　直线运动组件安装好后的总体效果

2. 抓取机械手装置的装调

1）提升机构的装调

提升机构的装调如表 9-3 所示，提升机构组装效果图如图 9-8 所示。

表 9-3　提升机构的装调

	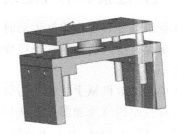
步骤 1　装配支撑架	步骤 2　装配提升机构

2）抓取机械手装置的装调

（1）把气动摆台固定在组装好的提升机构上，然后在气动摆台上固定导杆气缸安装板，安装时要注意先找好导杆气缸安装板与气动摆台连接的原始位置，以便有足够的回转角度。

（2）连接气动手指和导杆气缸，然后把导杆气缸固定到导杆气缸安装板上，完成抓取机械手装置的装配，最终效果如图 9-9 所示。

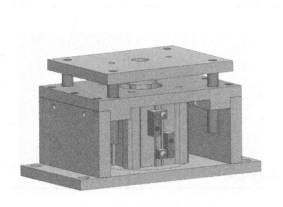

图 9-8　提升机构组装效果图

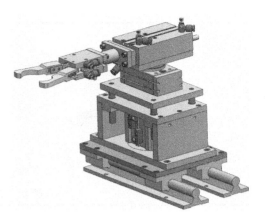

图 9-9　装配完成的抓取机械手装置

3. 输送单元机械总装

　　把抓取机械手装置固定到直线运动组件的滑动溜板上。最后,检查气动摆台上的导杆气缸、气动手指组件的回转位置是否满足在其余各工作单元抓取和放下工件的要求,若不满足则要进行适当的调整。输送单元机械总装效果图如图 9-10 所示。

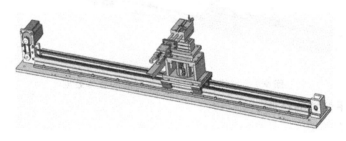

图 9-10　输送单元机械总装效果图

二、气路连接和电气配线敷设

　　当抓取机械手装置作往复运动时,连接到抓取机械手装置上的气管和电气连接线也随之运动。确保这些气管和电气连接线运动顺畅,不至在运动过程中拉伤或脱落,是安装过程中的重要一环。

　　输送单元抓取机械手装置上的所有气缸连接的气管沿拖链敷设,插接到电磁阀组上,输送单元气动控制回路原理图如图 9-11 所示。

　　装置侧气路的调试:首先用各气缸电磁阀上的手动换向按钮验证各气缸的初始位置和动作位置是否正确。进一步调整气缸动作的平稳性时,要注意摆动气缸的转动力矩较大,应确保气源有足够的压力,然后反复调整节流阀的开度来控制活塞杆的往复运动速度,使气缸动作时无冲击和爬行现象。

　　连接到抓取机械手装置上的管线首先要绑扎在拖链的安装支架上,然后沿拖链敷设,进入管线线槽中。绑扎管线时要注意管线引出端到绑扎处应保持足够长度,以免机构运动时管线被拉紧而脱落。沿拖链敷设时注意管线间不要相互交叉。输送单元装配侧总体安装效果如图 9-12 所示。

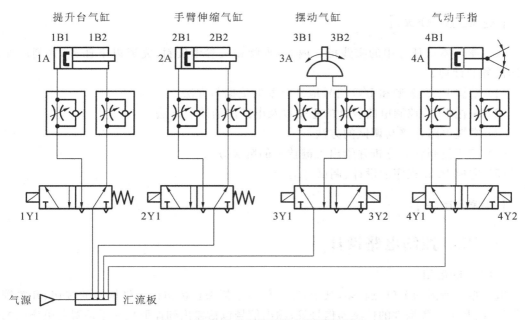

图 9-11 输送单元气动控制回路原理图

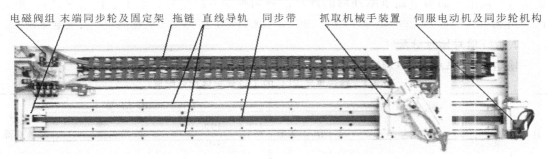

图 9-12 输送单元装配侧总体安装效果

◀ 任务 2 输送单元 PLC 控制系统设计 ▶

【能力目标】

（1）掌握输送单元作为单一机电系统时安装与调试的步骤、方法及规范。

（2）能根据控制要求，完成 PLC 控制电路设计和 PLC 程序设计。

【工作任务】

通过对后面实践指导内容的学习以及查阅相关资料，完成以下工作任务：

（1）完成输送单元的 PLC 选型、I/O 信号地址分配、电路图绘制和电气接线。

（2）结合被控对象以及功能要求，完成 PLC 程序设计。

（3）通过控制装置，完成机电系统（含 PLC 程序）的调试。

【资讯 & 计划】

认真学习本次任务中的实践指导内容,查阅相关参考资料,完成以下任务,并列出完成工作任务的计划。

(1)掌握 PLC 选型和 I/O 信号地址分配的依据与方法。

(2)掌握 PLC 控制电路设计的思路以及电路图的绘制方法。

(3)掌握电路连接与调试的方法。

(4)完成控制任务分析并给出关键技术的解决方法。

(5)完成 PLC 程序的设计、调试与运行。

【实践指导】

一、PLC 控制电路设计

1. PLC 的选型

输送单元所需的 I/O 点较多,其中,输入信号包括来自按钮指示灯模块的按钮、开关等主令信号,以及单元各构件的传感器信号等;输出信号包括输出到抓取机械手装置各电磁阀的控制信号和输出到伺服电动机驱动器的脉冲信号和驱动方向信号。基于上述情况,输送单元 PLC 可选用西门子 S7-200 系列的 CPU 226 AC/DC/RLY 型,共 24 点输入,16 点继电器输出。

2. I/O 信号地址分配

输送单元 PLC 的 I/O 信号地址分配表如表 9-4 所示。

表 9-4 输送单元 PLC 的 I/O 信号地址分配表

输 入 信 号				输 出 信 号			
序号	PLC 输入点	信号名称	信号来源	序号	PLC 输出点	信号名称	信号来源
1	I0.0	原点传感器		1	Q0.0	脉冲装置侧	
2	I0.1	极限开关右限位		2	Q0.1	方向	
3	I0.2	极限开关左限位		3	Q0.2		
4	I0.3	升降台下限		4	Q0.3	提升台上升电磁阀	
5	I0.4	升降台上限		5	Q0.4	摆缸左旋电磁阀	装置侧
6	I0.5	摆动气缸左限	装置侧	6	Q0.5	摆缸右旋电磁阀	
7	I0.6	摆动气缸右限		7	Q0.6	手爪伸出电磁阀	
8	I0.7	机械手臂伸出到位		8	Q0.7	手爪夹紧电磁阀	
9	I1.0	机械手臂缩回到位		9	Q1.0	手爪放松电磁阀	
10	I1.1	手指夹紧检测		10	Q1.1		
11	I1.2	伺服报警		11	Q1.2		
12	I1.3			12	Q1.3		
13	I1.4			13	Q1.4		

输 入 信 号				输 出 信 号			
序号	PLC 输入点	信号名称	信号来源	序号	PLC 输出点	信号名称	信号来源
14	I1.5			14	Q1.5	报警指示	按钮指示灯模块
15	I1.6			15	Q1.6	运行指示	
16	I1.7			16	Q1.7	停止指示	
17	I2.0						
18	I2.1						
19	I2.2						
20	I2.3						
21	I2.4	停止按钮	按钮指示灯模块				
22	I2.5	启动按钮					
23	I2.6	急停按钮					
24	I2.7	单机/联机					

3. 控制电路图的绘制

输送单元 PLC 的 I/O 接线原理图如图 9-13 所示,伺服驱动器的接线原理图如图 9-14 所示。

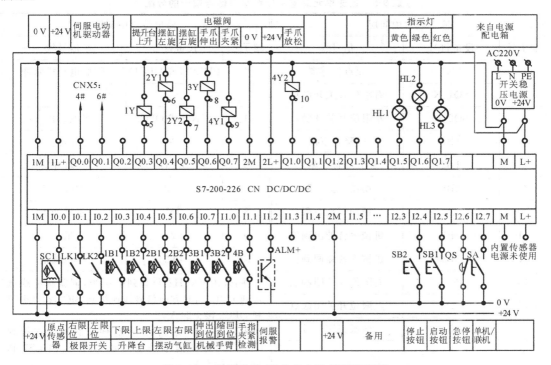

图 9-13　输送单元 PLC 的 I/O 接线原理图

图 9-13 中,左右两极限开关 LK2 和 LK1 的动合触点分别连接到 PLC 输入点 I0.2 和 I0.1。必须注意的是,LK2、LK1 均提供一对转换触点,它们的静触点应连接到公共点 COM,而动断触点必须连接到伺服驱动器的控制端口 CNX5 的 CCWL(9 脚)和 CWL(8 脚)作为硬联锁保护,目的是防范由于程序错误引起冲击极限故障而造成设备损坏。

接线时要注意:晶体管输出的 S7-200 系列 PLC,其供电电源采用 DC 24 V 的直流电源,与其余各工作单元的继电器输出的 PLC 不同,千万不要把 AC 220 V 电源连接到其电源输入端。

二、电气接线及传感器调试

输送单元装置侧电气接线工作包括将抓取机械手装置各气缸上磁性开关的引出线、原点开关的引出线、左右限位开关的引出线,以

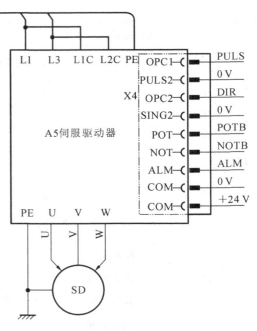

图 9-14　输送单元伺服驱动器的接线原理图

及伺服驱动器控制线等连接到输送单元装置侧的接线端口,该端口信号端子的分配如表 9-5 所示,PLC 输入、输出端子的接线情况分别如图 9-15 和图 9-16 所示。

表 9-5　输送单元装置侧接线端口信号端子的分配

输入端口中间层			输出端口中间层		
端子号	设备符号	信号线	端子号	设备符号	信号线
2	BG1	原点传感器	2	PULS2(或 OPC1)	伺服电动机脉冲
3	SQ1_K	右限位开关开触点	3		
4	SQ2_K	左限位开关开触点	4	SIGN2(或 OPC2)	伺服电动机方向
5	1B1	升降台下限	5	1Y	提升台上升
6	1B2	升降台上限	6	2Y1	摆缸左旋
9	2B1	摆动气缸左限	7	2Y2	摆缸右旋
10	2B2	摆动气缸右限	8	3Y	手爪伸出
11	3B1	机械手臂伸出到位	9	4Y1	手爪夹紧
12	3B2	机械手臂缩回到位	10	4Y2	手爪放松
13	POT	右限位开关闭触点	注:采用 FX(H2U)系列的系统,伺服脉冲线连接到 PULS2,其方向信号线连接到 SIGN2。OPC1 和 OPC2 接 +24 V。		
14	NOT	左限位开关闭触点			
15	ALM+	伺服报警信号	采用 S7-200 系列的系统,伺服脉冲线连接到 OPC1,其方向信号线连接到 OPC2。PULS1 和 SIGN2 接 0 V		

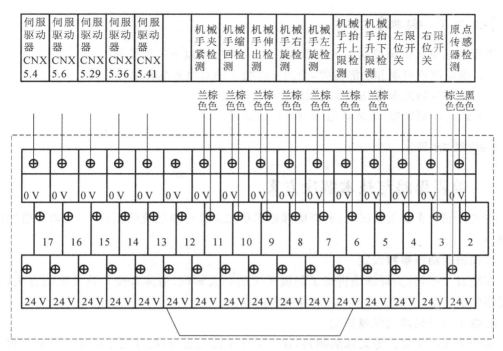

图 9-15　PLC 输入端子接线——传感器、磁性开关侧

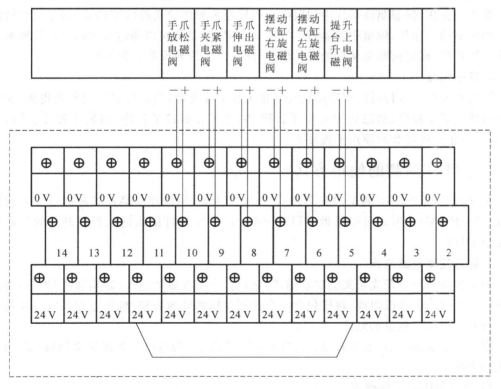

图 9-16　PLC 输出端子接线——电磁阀、执行机构侧

【决策 & 实施】

根据输送单元机电控制系统的具体要求,自主完成以下工作任务:

(1) 根据被控对象和功能需要,给出关键技术的解决方案和编程思路。

(2) 根据控制需求,完成 PLC 程序设计与调试。

(3) 通过控制装置,完成机电控制系统的验证。

【实践指导】

一、编程思路与技术解决方案

在硬件安装正确的情况下,若要确保输送单元总体控制系统的正常运行,需要解决以下问题。

1. 伺服驱动器参数设定

在项目 4 中,较为详细地讲解了伺服系统的相关知识,请读者按参数设定的方法,完成利用西门子 PLC 控制输送单元的各项参数的设定。

2. 各工作单元间的距离测定

输送单元的主要任务是抓取物料,在各工作单元间运行,在各工作单元的中心位置或特定点停止运行,完成抓放物料的动作。这就需要知道各特定点之间的位移。

解决的方法:伺服驱动系统中伺服电动机尾端装有增量式旋转编码器,增量式旋转编码器与伺服驱动器连接,伺服驱动器将信号输送给 PLC,这样可以通过读取增量式旋转编码器的输出脉冲数,确定伺服电动机的运动位移(测定方法与分拣单元类似)。

3. 程序编写

输送单元单站运行时的程序结构与其他工作单元类似,但具体程序则复杂得多,需要编写的程序包括主程序、初态检查复位子程序、输送单元顺控子程序、抓料子程序、放料子程序、紧急停止子程序和回原点子程序等。

二、PTO 控制的使用方法

S7-200 系列 PLC 有两个内置 PTO/PWM 发生器,用以建立高速脉冲串(PTO)或脉宽调节信号(PWM)波形。可以借助 STEP7-Micro/WIN 软件提供的位置控制向导轻松生成所需的 PTO。

1. 熟悉运动包络与步

一个包络是一个预先定义的移动描述,它包括一个或多个速度,影响着从起点到终点的移动。一个包络由多段组成,每段包含一个达到目标速度的加速/减速过程和以目标速度匀速运行的一串固定数量的脉冲。

定义一个包络,包括如下几点:① 选择操作模式;② 为包络的各步定义指标;③ 为包络定义一个符号名。

1) 选择包络的操作模式

PTO 支持相对位置和单速连续旋转两种操作模式,如图 9-17 所示。相对位置模式下运动的终点位置是从起点侧开始计算的脉冲数量。单速连续转动模式则不需要提供终点位置,PTO 一直持续输出脉冲,直至有其他命令发出,例如包络到达原点要求停发脉冲。

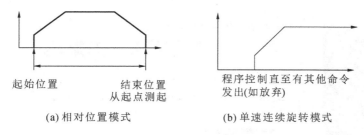

起始位置　　　　结束位置
　　　　　　从起点测起

(a) 相对位置模式

程序控制直至有其他命令
发出(如放弃)

(b) 单速连续旋转模式

图 9-17　一个包络的操作模式

2）包络中的步

一个步是工件运动的一个固定距离,包括加速和减速时间内的距离。PTO 每一包络允许 29 个步。

每一步包括目标速度和结束位置或脉冲数目等几个指标。图 9-18 所示为一步、两步、三步和四步包络的步数示意图。注意一步包络只有一个常速段,两步包络有两个常速段,依次类推。

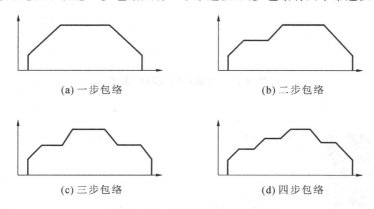

(a) 一步包络

(b) 二步包络

(c) 三步包络

(d) 四步包络

图 9-18　包络的步数示意图

2. 包络的生成过程

在 STEP7-Micro/WIN 软件指令树中找到"向导",打开"向导"便可看到"PTO/PWM"指令,双击该指令后弹出位置控制向导对话框(见图 9-19)。

在图 9-19 中,单击"下一步"按钮会弹出脉冲输出向导对话框(见图 9-20)。有两个脉冲发生器,一个发生器指定给数字输出点 Q0.0,另一个发生器指定给数字输出点 Q0.1,此处选择 Q0.0。

在图 9-20 中,单击"下一步"按钮会弹出脉冲发生器选择对话框(见图 9-21),此处选择 PTO,并选择使用高速计数器 HSC0 自动计数线性 PTO 生成的脉冲。组态一个输出为 PTO 的操作时,生成一个 50% 占空比脉冲串用于步进电动机或伺服电动机的速度和位置的开环控制。内置 PTO 功能提供脉冲串输出信号,脉冲周期和数量可由用户控制。但应用程序必须通过 PLC 内置 I/O 提供方向和限位控制。

在图 9-21 中,单击"下一步"按钮会弹出电动机速度设定对话框(见图 9-22)。

其中 MAX_SPEED 是允许的操作速度的最大值,它应在电动机力矩能力的范围内。驱动负载所需的力矩由摩擦力、惯性以及加速/减速时间决定。此处的设定范围不应超出伺服驱动器参数Pr0.08的设定值。

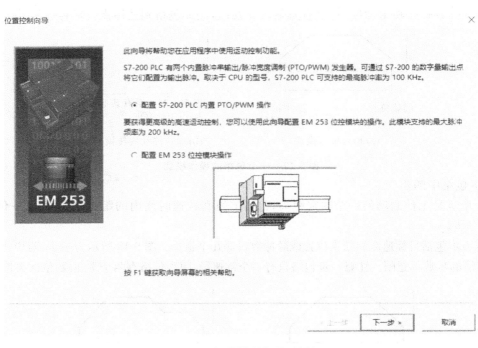

图 9-19 位置控制向导对话框

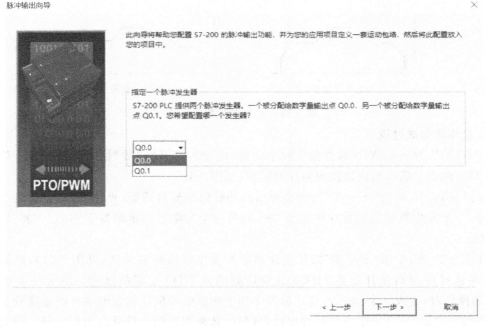

图 9-20 脉冲输出向导对话框

SS_SPEED 的数值应满足电动机在低速时驱动负载的能力,如果 SS_SPEED 的数值过低,电动机和负载在运动的开始和结束时可能会摇摆或颤动。如果 SS_SPEED 的数值过高,电动机会在启动时丢失脉冲,并且负载在试图停止时会使电动机超速。通常,SS_SPEED值是MAX_SPEED 值的 5% 至 15%。

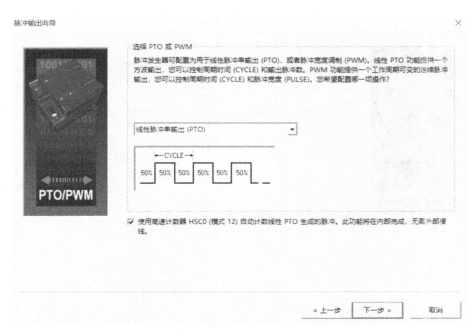

图 9-21 脉冲发生器选择对话框

在图 9-22 中，单击"下一步"按钮会弹出加减速时间设定对话框（见图 9-23）。

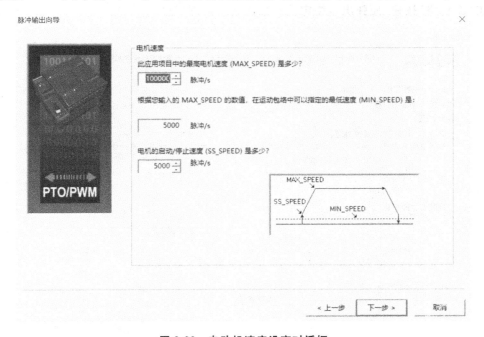

图 9-22 电动机速度设定对话框

电动机从 SS_SPEED 速度加速到 MAX_SPEED 速度所需的时间（ACCEL_TIME）和电动机从 MAX_SPEED 速度减速到 SS_SPEED 速度所需要的时间（DECEL_TIME）的设定值不宜过小或过大，要经过测试来确定。开始时，应输入一个较大的时间值，逐渐减小这个时间值直至电动机开始失速，从而优化应用中的参数设置。

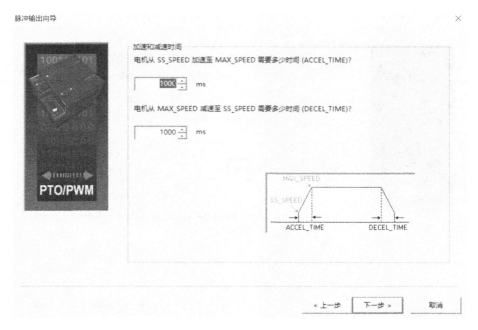

图 9-23　加减速时间设定对话框

在图 9-23 中,单击"下一步"按钮会弹出"运动包络定义"对话框,此时还未定义包络,然后单击"新包络"按钮,便弹出包络定义参数设定对话框(见图 9-24)。

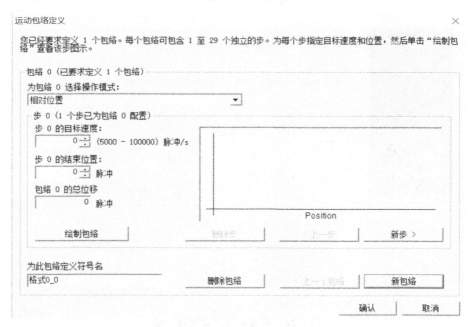

图 9-24　包络定义参数设定对话框

此处以表 9-6 中的参数为例,简述包络参数的设定方法。表中参数因设备安装而定,各距离值和脉冲量仅为参数设定需要而定,并非确切数据(确切数据需自行测定)。

表 9-6　伺服电动机运行的运动包络

运动包络	站　　点	脉　冲　量	移动方向
1	加工单元→装配单元　286 mm	52 000	
2	装配单元→分拣单元　235 mm	42 700	
3	分拣单元→高速回原点　925 mm	168 000	DIR
4	低速回原点	单速返回	DIR

在操作模式选项中选择相对位置控制,在包络 0 中填写目标速度"60000",结束位置"85600",单击"绘制包络"按钮,如图 9-25 所示。

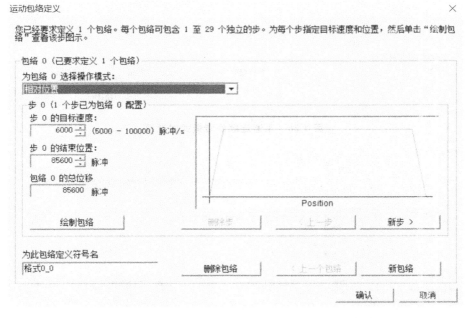

图 9-25　设置第 0 个包络

这样,第 0 个包络即供料单元→加工单元的运动包络的设置就完成了。接着可以设置下一个包络,单击"新包络"按钮,按上述方法将表 9-6 中前 3 个运动包络的数据输入包络定义中去。

上面定义的包络 0~3 都选择了相对位置模式,下面来生成单速连续旋转模式的包络。

表 9-6 中,最后一行低速回原点包络选择了单速连续旋转模式。单击"新包络"按钮,操作模式选择"单速连续旋转"后,弹出单速连续旋转模式对话框(见图 9-26),写入目标速度"7000",当调用该包络时,抓取机械手装置会按速度"7000"返回原点。

运动包络设置完成后单击"确认"按钮,向导会要求用户为运动包络指定 V 存储区地址,建议地址为 VB0~VB225,可默认建议地址,也可自行键入一个合适的地址。然后单击"下一步"按钮,弹出 PTO 组件生成窗口,如图 9-27 所示,最后单击"完成"按钮,运动包络组态结束。

运动包络组态完成后,向导会为所选的配置生成 PTOx_CTRL(控制)子程序、PTOx_RUN(运行包络)子程序、PTOx_LDPOS(装载位置)子程序和 PTOx_MAN(手动模式)子程

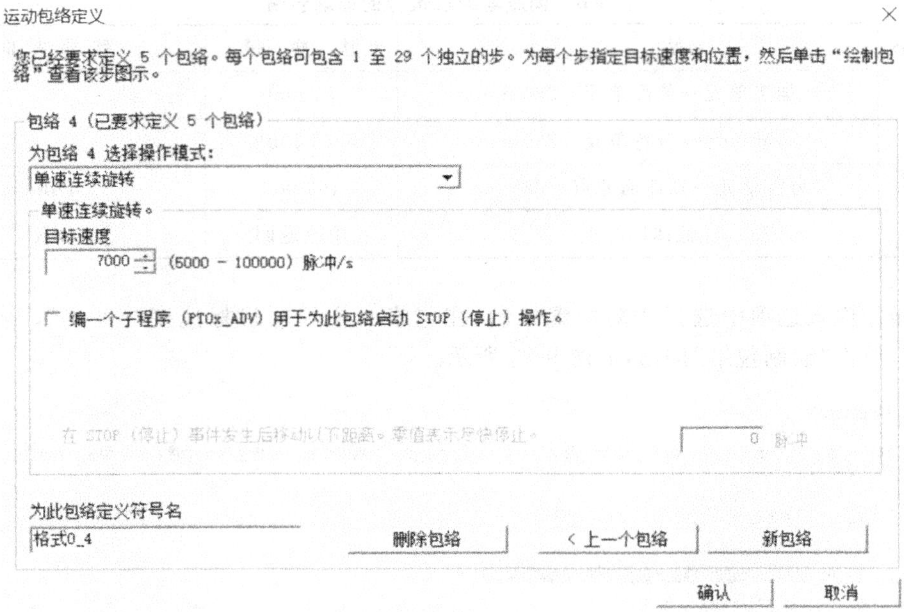

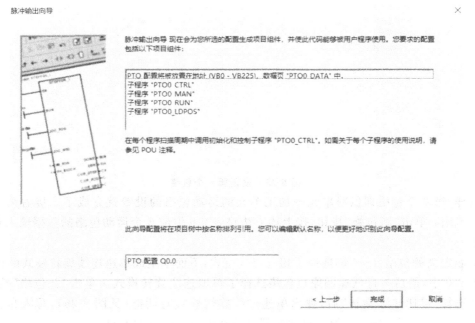

图 9-26　单速连续旋转模式对话框

图 9-27　PTO 组件生成窗口

序等四个项目组件(子程序)。可以在程序中调用各子程序,四个项目组件如图 9-28 所示。

3. 项目组件的功能与使用

(1) PTOx_CTRL(控制)子程序　启用和初始化 PTO 输出。在用户程序中只使用一次,并且确定在每次扫描时得到执行,即始终使用 SM0.0 作为 EN 的输入,如图 9-29 所示。

各参数功能如下:

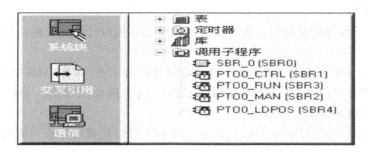

图 9-28 四个项目组件

```
    SM0.0                                        PTOO_CTRL
─────┤ ├──────────────────────────────────────┤EN

  立即停止信号
─────┤ ├──────────────────────────────────────┤I_STOP

  减速停止信号
─────┤ ├──────────────────────────────────────┤D_STOP

                                          Done ─M2.0
                                          Error ─VB500
                                          C Pos ─VD512
```

图 9-29 运行 PTOx_CTRL 子程序

■I_STOP(立即停止)输入(BOOL 型)　当此输入为低时,PTO 会正常工作。当此输入变为高时,PTO 立即终止脉冲的发出。

■D_STOP(减速停止)输入(BOOL 型)　当此输入为低时,PTO 会正常工作。当此输入变为高时,PTO 会产生将电动机减速至停止的脉冲串。

■Done(完成)输出(BOOL 型)　当完成位被设置为高时,表明上一个指令已执行。

■Error(错误)参数(BYTE 型)　包含本子程序的执行结果。当完成位为高时,错误字节会报告无错误或有错误代码的正常完成。

■C_Pos(DWORD 型)　如果 PTO 向导的 HSC 计数器功能已启用,则此参数包含以脉冲数模块表示的当前位置。否则,当前位置将一直为 0。

(2) PTOx_RUN(运行包络)子程序　命令 PLC 执行存储于配置/包络表中的指定包络运动操作,如图 9-30 所示。

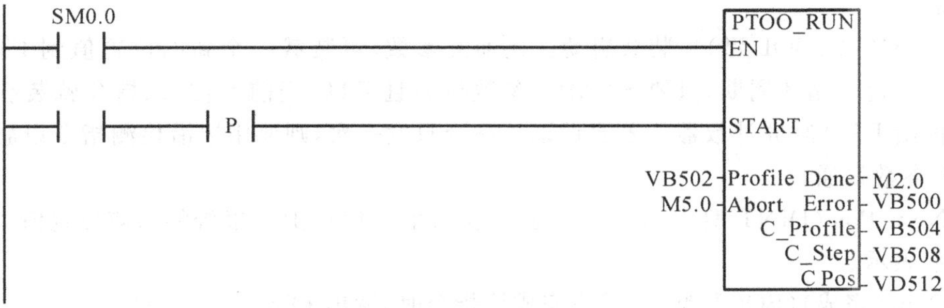

```
    SM0.0                                        PTOO_RUN
─────┤ ├──────────────────────────────────────┤EN

─────┤ ├────┤ P ├──────────────────────────────┤START

                              VB502 ─┤Profile  Done ─M2.0
                               M5.0 ─┤Abort    Error ─VB500
                                         C_Profile ─VB504
                                            C_Step ─VB508
                                             C Pos ─VD512
```

图 9-30 运行 PTOx_RUN 子程序

各参数功能如下：

■EN 位　子程序的使能位。在完成位发出子程序执行已经完成的信号前,应使 EN 位保持开启。

■START（BOOL 型）　包络执行的启动信号。对于在 START 参数已开启,且 PTO当前不活动时的每次扫描,此子程序会激活 PTO。为了确保仅发送一个命令,一般用上升沿以脉冲方式开启 START 参数。

■Abort(终止)命令(BOOL 型)　该命令为 ON 时位控模块停止当前包络,并减速至电动机停止。

■Profile(包络)(BYTE 型)　输入为运动包络指定的编号或符号名。

■Done(完成)(BOOL 型)　本子程序执行完成时,输出 ON。

■Error(错误)(BYTE 型)　输出本子程序执行结果的错误信息。无错误时输出 0。

■C_Profile(BYTE 型)　输出位控模块当前执行的包络。

■C_Step(BYTE 型)　输出目前正在执行的包络步骤。

■C_Pos(DINT 型)　如果 PTO 向导的 HSC 计数器功能已启用,则此参数包含以脉冲数作为模块的当前位置。否则,当前位置将一直为 0。

（3）PTOx_LDPOS(装载位置)子程序　改变 PTO 脉冲计数器的当前位置值为一个新值。可用该指令为任何一个运动命令建立一个新的零位置。图 9-31 是用 PTO0_LDPOS 指令实现返回原点完成后清零功能的梯形图。

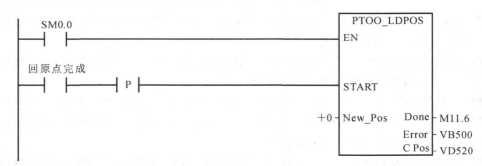

图 9-31　用 PTO0_LDPOS 指令实现返回原点完成后清零功能的梯形图

各参数功能如下：

■EN 位　子程序的使能位。在完成位发出子程序执行已经完成的信号前,应使 EN 位保持开启。

■START（BOOL 型）　装载启动。接通此参数,可装载一个新的位置值到 PTO 脉冲计数器。在每一循环周期,只要 START 参数接通且 PTO 当前不忙,该指令就装载一个新的位置值给 PTO 脉冲计数器。若要保证该命令只发一次,则使用边沿检测指令以脉冲触发START 参数接通。

■New_Pos（DINT 型）　输入一个新的位置值替代 C_Pos 报告的当前位置值。位置值用脉冲数表示。

■Done(完成)(BOOL 型)　模块完成该指令时,输出 ON。

■Error(错误)(BYTE 型)　输出本子程序执行结果的错误信息。无错误时输出 0。

■C_Pos(DINT 型)　此参数包含以脉冲数作为模块的当前位置。

（4）PTOx_MAN（手动模式）子程序　将 PTO 输出置于手动模式。执行这一子程序时允许电动机启动、停止和按不同的速度运行。但当 PTOx_MAN 子程序已启用时，除PTOx_CTRL 外其他任何 PTO 子程序都无法执行，如图 9-32 所示。

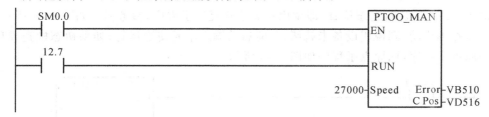

图 9-32　运行 PTOx_MAN 子程序

各参数功能如下：

■RUN（运行/停止）　命令 PTO 加速至指定速度。从而允许在电动机运行中更改 Speed 参数的数值。停用 RUN 参数命令后 PTO 减速至电动机停止。

■Speed（速度）　当 RUN 已启用时，Speed 参数决定着速度。速度表征是一个用每秒脉冲数计算的 DINT 值（双整数）。可以在电动机运行中更改此参数。

■Error（错误）　输出本子程序的执行结果的错误信息，无错误时输出 0。

■C_Pos　如果 PTO 向导的 HSC 计数器功能已启用，则 C_Pos 参数包含用脉冲数目表示的模块，否则此参数值始终为 0。

由上述四个子程序的梯形图可以看出，为了调用这些子程序，编程时应预置一个数据存储区，用于存储子程序执行时间参数，存储区所存储的信息可根据程序的需要调用。

三、程序设计

1. 运动包络的生成

输送单元程序控制的关键点是伺服电动机的定位控制，伺服电动机驱动抓取机械手装置从某一起始点出发，到达某一个目标点，然后抓取机械手装置按一定的顺序操作，完成抓取或放下工件的任务。测试过程的不同阶段，抓取机械手装置移动的距离也不同。在编写程序时，应预先规划好各段的包络，然后借助位置控制向导组态 PTO 输出。

根据工作任务的要求，以及抓取机械手装置的运动轨迹，参考表 9-7，利用 PTOx_CTRL 子程序和 PTOx_MAN 子程序，确定后续运动包络所需的位移脉冲数。

表 9-7　伺服电动机运行的运动包络

运动包络	站　　　点	脉　冲　量	移 动 方 向
0	低速回零	单速返回	DIR
1	供料单元→加工单元　430 mm	43 000	
2	加工单元→装配单元　350 mm	35 000	
3	装配单元→分拣单元　270 mm	27 000	
4	分拣单元→高速回零前　900 mm	90 000	DIR
5	供料单元→装配单元　780 mm	78 000	
6	供料单元→分拣单元　1 050 mm	105 000	

确定运动包络的各位移脉冲数后,利用PTO向导完成各特定位置间运动包络的生成。

2.主程序设计

输送单元主程序是一个周期循环扫描的程序。通电后启动和初始化包络,参考程序如图9-33所示,然后进行初态检查,即调用初态检查复位子程序,参考程序如图9-34所示。如果初态检查不成功,则说明设备未就绪,不能启动输送单元使之运行;如果初态检查成功,则调用回原点子程序,回原点子程序如图9-35所示。

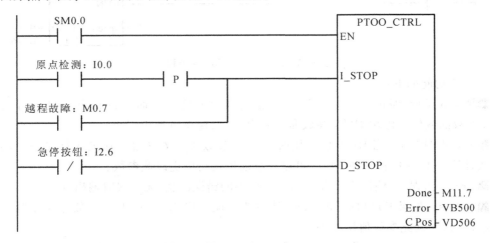

图 9-33 启动和初始化包络的参考程序

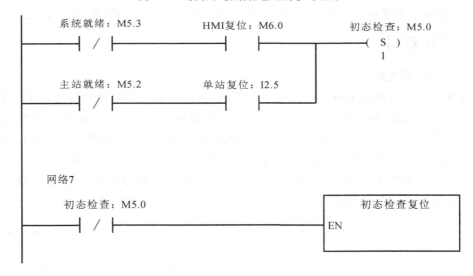

图 9-34 调用初态检查复位子程序

若返回原点成功,则设备进入准备就绪状态,允许启动。启动后,系统进入运行状态,此时主程序在每个扫描周期调用运行控制和急停处理子程序,参考程序如图9-36所示。如果在运行状态下收到停止指令,则系统运行一个周期后转入停止状态,等待下一次启动。

3.子程序的设计

1)初态检查复位子程序设计

该子程序的内容是检查各气动执行元件是否处在初始位置,当抓取机械手装置满足手

网络1

```
SM0.0                              PTOO_RUN
─┤├─                               EN

方向控制：Q0.1
─┤├─                               START

              0─ Profile  Done ─包络0完成：M10.0
原点检测：I0.0─  Abort    Error ─VB500
                    C_Profile ─VB502
                       C_Step ─VB504
                        C Pos ─VB506
```

网络2

```
#START：L0.0      方向控制：Q0.1
─┤├─              ─( S )─
                     1
```

网络3

```
原点检测：I0.0     方向控制：Q0.1
─┤├─              ─( R )─
                     1

SM0.0                           回原点
─┤├─                            EN

初始位置：M5.1  原点检测：I0.0
─┤├─          ─┤/├─            START
```

图 9-35　回原点子程序

```
运行状态：M1.0                急停处理
─┤├─┬                        EN

     主控标志：M2.0            运行控制
     └─┤├─                    EN
```

图 9-36　运行控制和急停处理子程序

爪松开、右旋、下降、缩回 4 个状态条件时，表示其处于初始状态。同时检查抓取机械手装置是否在原点位置，如果抓取机械手装置不在初态或原点，则进行相应的复位操作和回原点子程序调用操作，直至准备就绪。初态检查子程序如图 9-37 所示，复位子程序如图 9-38 所示。

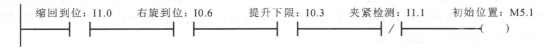

图 9-37　初态检查子程序

2）回原点子程序设计

在输送单元的整个工作过程中，抓取机械手装置返回原点的操作都会频繁地进行。因此编写一个回原点子程序供需要时调用是必要的。回原点子程序是一个带形式参数的子程序，在其局部变量表中定义了一个 BOOL 输入参数 START，当使能输入（EN）和 START 输入为 ON 时，启动子程序调用流程。当 START（即局部变量 L0.0）为 ON 时，置位 PLC 的方向控制输出 Q0.1，并且这一操作放在 PTO0_RUN 指令之后，以确保方向控制输出在下一个扫描周期才开始输出脉冲。

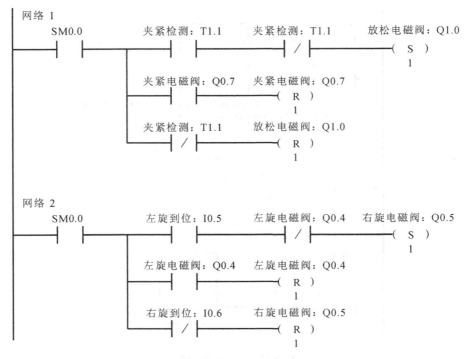

图 9-38　复位子程序

3）急停处理子程序设计

当系统进入运行状态后，在每个扫描周期都会调用急停处理子程序。急停处理子程序也带形式参数，在其局部变量表中定义了一个 BOOL 输出参数 ADJUST 和一个 BOOL 输入/输出参数 MAIN_CTR，参数 MAIN_CTR 传递给全局变量主控标志 M2.0，并由 M2.0 维持当前状态，此变量的状态决定了系统在运行状态下能否执行正常的运行控制过程。

急停处理子程序如图 9-39 所示，说明如下。

（1）当急停按钮被按下时，MAIN_CTR 置 0，从而 M2.0 置 0，运行控制停止。

（2）若急停前抓取机械手装置正在前进中，则当急停复位的上升沿到来时，需要启动使抓取机械手装置低速回原点的过程。抓取机械手装置到达原点后，置位 ADJUST 输出，传递给包络调整标志 M2.5，以便在运行控制过程重新开始后，给处于前进工步的过程调整包络用，例如对于从加工单元到装配单元的过程，急停复位系统重新运行后，将执行从原点（供料单元处）到装配单元的包络。

（3）若急停前抓取机械手装置正在高速返回中，则当急停复位的上升沿到来时，使高速返回步复位，转到下一步即摆台右转和低速返回。

4）抓料子程序设计

输送单元的抓料子程序也是一个步进顺控程序，可以采用置位复位方法来编程，也可以用西门子特有的顺序继电器指令（SCR 指令）来编程。抓料子程序控制流程图如图 9-40 所示，抓料子程序梯形图如图 9-41 所示。

5）放料子程序设计

放料子程序与抓料子程序相似，也是一个步进顺控程序，可以采用置位复位方法来编程，也可以用西门子特有的顺序继电器指令（SCR 指令）来编程。其工艺控制过程与抓料子

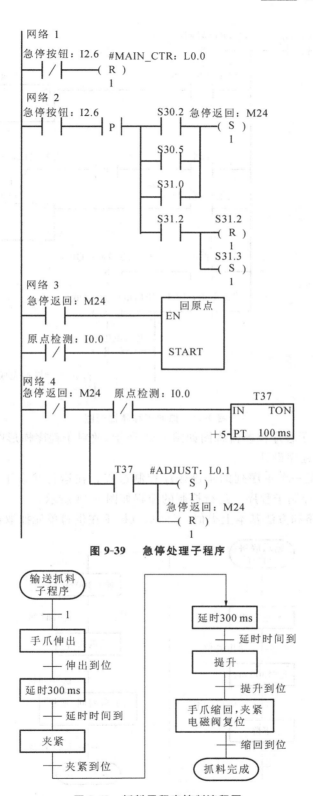

图 9-39 急停处理子程序

图 9-40 抓料子程序控制流程图

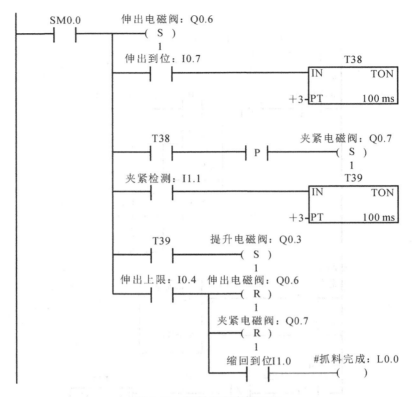

图 9-41 抓料子程序梯形图

程序基本相反,放料子程序控制流程图如图 9-42 所示,放料子程序梯形图如图 9-43 所示。

6）运行控制子程序设计

运行控制过程是一个单序列的步进顺序控制过程。在运行状态下,若主控标志 M2.0 为 ON,则调用运行控制子程序。运行控制的流程如图 9-44 所示。

各步的编程思路和方法基本上类似,下面从机械手在供料单元抓取物料开始,到机械手

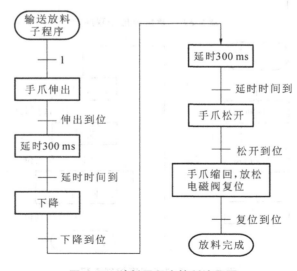

图 9-42 放料子程序控制流程图

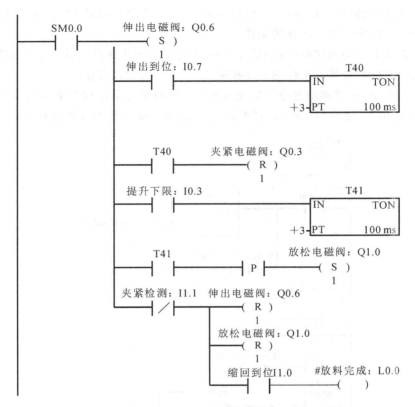

图 9-43 放料子程序梯形图

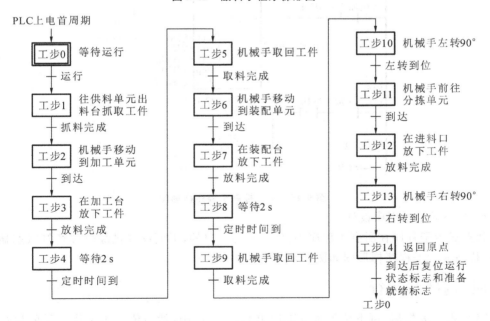

图 9-44 运行控制的流程

移动到加工单元为止，以这个过程为例说明编程思路。运行控制子程序梯形图如图 9-45 所示，由图可见：在机械手执行抓取工件的工作步中，调用"抓取工件"子程序，该子程序带有

BOOL 输出参数,当抓取工作完成时,输出参数为 ON,传递相应的"抓取完成"标志 M4.0 作为运行控制子程序中各步间转移的条件。

机械手抓取工件的动作顺序:手臂伸出→手爪夹紧→升降台上升→手臂缩回。采用子程序调用的方法来实现抓取工件的动作控制,使程序编写得以简化。

在 S30.2 步中,通过调用包络 1 实现机械手从供料单元前往加工单元的运动,运动结束后 M10.1 标志由"0"变成"1",然后将"前往加工"标志 M2.1 清零并跳转到下一步。

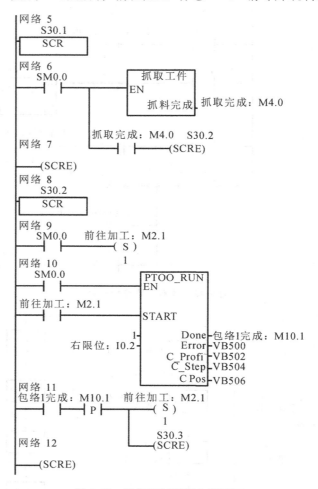

图 9-45　运行控制子程序梯形图

7)状态显示子程序设计

状态显示子程序在所有子程序中,属于较为简单的,下面仅提供绿灯和黄灯状态显示子程序,状态显示子程序梯形图如图 9-46 所示。

四、调试与运行

PLC 程序编好后,可下载到对应工作单元的 PLC 中,然后依据本工作单元的执行动作过程,通过在线监控、动态调试,完成系统调试,直至系统调试满足项目控制要求为止。

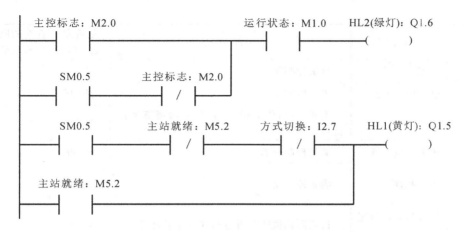

图 9-46 状态显示子程序梯形图

【检查 & 评价】

根据实践操作的步骤,参照表 9-8,检查每一项工作内容是否正确,对于存在的问题或故障,查阅设备使用说明资料,分析故障原因并进行故障排除。

表 9-8 输送单元学习评价总表

任 务	工 作 内 容	评 价 要 点	是否完成/掌握	存在的问题及其分析与解决方法
认识输送单元	单元结构及组成	能说明各部件的名称、作用及单元工作流程	是/否	
	执行元件	能说明其名称、工作原理、作用	是/否	
	传感器	能说明其名称、工作原理、作用	是/否	
输送单元安装	机械部件	按机械装配图,参考装配视频进行装配(装配是否完成;有无紧固件松动现象)	是/否	
	气动连接	识读气动控制回路图并按图连接气路(连接是否完成或有误;有无漏气现象;气管有无绑扎或气路连接是否规范)	是/否	
	电气连接	识读电气原理图并按图连接电路(连接是否完成或有误;端子连接、插针压接质量是否合格;同一端子上是否超过两根导线;端子连接处有无线号;电路接线有无绑扎或电路接线是否凌乱)	是/否	
编制输送单元 PLC 控制程序	写出 PLC 的 I/O 地址分配表	与 PLC 的 I/O 接线原理图是否相符	是/否	
	写出单元的初始工作状态	描述清楚、正确	是/否	
	写出单元的工作流程	描述清楚、正确	是/否	
	按控制要求编写 PLC 程序	满足控制要求	是/否	

任　务	工 作 内 容	评 价 要 点	是否完成/掌握	存在的问题及其分析与解决方法
输送单元运行与调试	机械	满足控制要求	是/否	
	电气检测元件	满足控制要求	是/否	
	气动系统	不漏气,动作平稳(气缸节流阀调整是否恰当)	是/否	
	相关参数设置	满足控制要求	是/否	
	PLC程序	满足控制要求	是/否	
	填写调试运行记录表	按实际调试情况填写调试运行记录表	是/否	
职业素养与安全意识		现场操作安全保护符合安全操作规程	是/否	
		工具摆放、包装物品、导线线头等的处理符合职业岗位的要求	是/否	
		团队既有分工又有合作,配合紧密	是/否	
		遵守纪律,尊重老师,爱惜实训设备和器材,保持工位整洁	是/否	

YL-335B自动化生产线整体运行的装调

YL-335B ZIDONGHUA

SHENGCHANXIAN

ZHENGTI YUNXING DE

ZHUANGTIAO

项目10

YL-335B 自动化生产线整体运行的装调

YL-335B 自动化生产线整体实训任务是一项综合性的工作,工作目标是将供料单元料仓内的工件送往加工单元的物料台,加工完成后,把加工好的工件送往装配单元的装配台,然后把装配单元料仓内的白色和黑色两种不同颜色的小圆柱零件嵌到装配台上的工件中,最后将完成装配的成品送往分拣单元进行分拣,输送单元完成整个输送过程。已完成加工和装配的工件如图 10-1 所示。

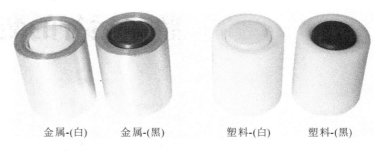

金属-(白)　　金属-(黑)　　塑料-(白)　　塑料-(黑)

图 10-1　已完成加工和装配的工件

具体控制要求如下:

系统的工作模式分为单站运行模式和全线运行模式。

从单站运行模式切换到全线运行模式的条件:各工作站均处于停止状态,各工作站按钮指示灯模块上的工作方式选择开关置于全线模式,若此时人机界面中的选择开关已切换到全线运行模式,则系统进入全线运行状态。

要从全线运行模式切换到单站运行模式,仅限当前工作周期完成后人机界面中的选择开关切换到单站运行模式时才有效。

在全线运行模式下,各工作站仅通过网络接收来自人机界面的主令信号,除主站急停按钮外,所有本站主令信号无效。

1. 单站运行模式测试

单站运行模式下,各工作单元的主令信号和工作状态显示信号来自其 PLC 旁边的按钮指示灯模块,并且按钮指示灯模块上的工作方式选择开关 SA 应置于"单站方式"位置。各工作单元的具体控制要求如下所述。

1) 供料单元单站运行工作要求

① 设备上电且与气源接通后,若工作单元的两个气缸均满足初始位置要求,且料仓内有足够的待加工工件,则"正常工作"指示灯 HL1 长亮,表示设备已准备好。否则,该指示灯以 1 Hz 的频率闪烁。

② 若设备已准备好,按下启动按钮,工作单元启动,"设备运行"指示灯 HL2 长亮。工作单元启动后,若出料台上没有工件,则应把工件推到出料台上。出料台上的工件被人工取出后,若没有停止信号,则系统进行下一次推出工件操作。

③ 若在运行中按下停止按钮,则在完成本工作周期任务后,各工作单元停止工作,HL2指示灯熄灭。

④ 在运行中,若料仓内工件不足,则工作单元继续工作,但"正常工作"指示灯 HL1 以 1 Hz的频率闪烁,"设备运行"指示灯 HL2 保持长亮。若料仓内没有工件,则 HL1 指示灯和 HL2 指示灯均以 2 Hz的频率闪烁,工作单元在完成本周期任务后停止。除非向料仓内补充足够的工件,否则工作单元不能再启动。

2) 加工单元单站运行工作要求

① 设备上电且与气源接通后,若各气缸满足初始位置要求,则"正常工作"指示灯 HL1 长亮,表示设备已准备好。否则,该指示灯以 1 Hz的频率闪烁。

② 若设备已准备好,按下启动按钮,设备启动,"设备运行"指示灯 HL2 长亮。当待加工工件被送到加工台上并被检出后,设备执行将工件夹紧,送往加工区域进行冲压,完成冲压动作后,返回待料位置的工件加工工序。如果没有停止信号输入,则当再有待加工工件被送到加工台上时,加工单元又开始下一周期工作。

③ 在工作过程中,若按下停止按钮,加工单元在完成本工作周期的动作后停止工作。HL2 指示灯熄灭。

④ 当待加工工件被检出且加工过程已开始后,如果按下急停按钮,加工单元所有机构立即停止运行,HL2 指示灯以 1 Hz的频率闪烁。急停复位后,设备从急停前的断点开始继续运行。

3) 装配单元单站运行工作要求

① 设备上电且与气源接通后,若各气缸满足初始位置要求,料仓内已经有足够的小圆柱零件,装配台上没有待装配工件。则"正常工作"指示灯 HL1 长亮,表示设备已准备好。否则,该指示灯以 1 Hz的频率闪烁。

② 若设备已准备好,按下启动按钮,装配单元启动,"设备运行"指示灯 HL2 长亮。如果回转台上的左料盘内没有小圆柱零件,就执行下料操作;如果回转台上的左料盘内有小圆柱零件,而右料盘内没有小圆柱零件,则执行回转台回转操作。

③ 如果回转台上的右料盘内有小圆柱零件且装配台上有待装配工件,则执行装配机械手抓取小圆柱零件,并将其放入待装配工件中的控制。

④ 装配任务完成后,装配机械手应返回初始位置,等待下一次装配。

⑤ 若在运行过程中按下停止按钮,则供料机构应立即停止供料,在装配条件满足的情况下,装配单元在完成本次装配后停止工作。

⑥ 在运行中发生"零件不足"报警时,指示灯 HL3 以 1 Hz的频率闪烁,指示灯 HL1 和 HL2 长亮;在运行中发生"零件没有"报警时,指示灯 HL3 以亮 1 s、灭 0.5 s的方式闪烁,HL2 熄灭,HL1 长亮。

4) 分拣单元单站运行工作要求

① 初始状态:设备上电且与气源接通后,若分拣单元的各个气缸均满足初始位置要求,则"正常工作"指示灯 HL1 长亮,表示设备已准备好。否则,该指示灯以 1 Hz的频率闪烁。

② 若设备已准备好,按下启动按钮,系统启动,"设备运行"指示灯 HL2 长亮。当传送带入料口处有人工放下的已装配好的工件时,变频器即启动,驱动传动电动机以频率为 30 Hz的速度把工件带往分拣区。

③ 如果金属工件上的小圆柱工件为白色,则该工件对到达 1 号滑槽中间,传送带停止,

工件对被推到 1 号槽中;如果塑料工件上的小圆柱工件为白色,则该工件对到达 2 号滑槽中间,传送带停止,工件对被推到 2 号槽中;如果工件上的小圆柱工件为黑色,则该工件对到达 3 号滑槽中间,传送带停止,工件对被推到 3 号槽中。工件被推出滑槽后,该工作单元的一个工作周期结束。仅当工件被推出滑槽后,才能再次向传送带下料。

如果在运行期间按下停止按钮,则分拣单元在本工作周期结束后停止运行。

5) 输送单元单站运行工作要求

输送单元单站运行的目的是测试设备传送工件的功能。前提要求是其他各工作单元已经就位,并且在供料单元的出料台上放置了工件。具体测试过程如下所述。

① 在输送单元通电后,按下复位按钮 SB1,执行复位操作,使抓取机械手装置回到原点位置。在复位过程中,"正常工作"指示灯 HL1 以 1 Hz 的频率闪烁。

当抓取机械手装置回到原点位置,且输送单元的各个气缸均满足初始位置要求,则复位完成,"正常工作"指示灯 HL1 长亮。按下启动按钮 SB2,设备启动,"设备运行"指示灯 HL2 也长亮,开始功能测试过程。

② 抓取机械手装置从供料单元出料台抓取工件,抓取的顺序:手臂伸出→手爪夹紧并抓取工件→提升台上升→手臂缩回。

③ 抓取动作完成后,伺服电动机驱动抓取机械手装置向加工单元移动,移动速度不小于300 mm/s。

④ 抓取机械手装置移动到加工单元物料台的正前方后,把工件放到加工单元物料台上。抓取机械手装置在加工单元放下工件的顺序:手臂伸出→提升台下降→手爪松开并放下工件→手臂缩回。

⑤ 放下工件动作完成 2 s 后,抓取机械手装置执行抓取加工单元工件的操作。抓取的顺序与在供料单元抓取工件相同。

⑥ 抓取动作完成后,伺服电动机驱动抓取机械手装置移动到装配单元物料台的正前方,把工件放到装配单元物料台上。其动作顺序与在加工单元放下工件时相同。

⑦ 放下工件动作完成 2 s 后,抓取机械手装置执行抓取装配单元工件的操作。抓取的顺序与在供料单元抓取工件时相同。

⑧ 抓取机械手装置的手臂缩回后,摆台逆时针旋转 90°,伺服电动机驱动抓取机械手装置从装配单元向分拣单元运送工件,到达分拣单元传送带上方入料口后把工件放下。动作顺序与在加工单元放下工件时相同。

⑨ 放下工件动作完成后,抓取机械手装置的手臂缩回,然后执行返回原点的操作。伺服电动机驱动抓取机械手装置以400 mm/s的速度返回,返回900 mm后,摆台顺时针旋转90°,然后抓取机械手装置以100 mm/s的速度返回原点停止。

当抓取机械手装置返回原点后,一个测试周期结束。当供料单元出料台上放置了工件时,再按一次启动按钮 SB2,开始新一轮的测试。

2. 系统正常的全线运行模式测试

全线运行模式下各工作单元部件的工作顺序以及对输送单元抓取机械手装置运行速度的要求,与单站运行模式一致。全线运行步骤如下所述。

1) 系统在上电,PPI网络正常后开始工作

触摸人机界面上的复位按钮,执行复位操作,在复位过程中,绿色警示灯以 2 Hz 的频率

闪烁。红色和黄色警示灯均熄灭。

复位过程包括:使输送单元抓取机械手装置回到原点位置,检查各工作单元是否处于初始状态。

各工作单元初始状态是指:

① 各工作单元气动执行元件均处于初始位置;

② 供料单元料仓内有足够的待加工工件;

③ 装配单元料仓内有足够的小圆柱零件;

④ 输送单元的紧急停止按钮未按下。

当输送单元的抓取机械手装置回到原点位置,且各工作单元均处于初始状态,则复位完成,绿色警示灯长亮,表示允许启动系统。这时若触摸人机界面上的启动按钮,系统启动,绿色和黄色警示灯均长亮。

2)供料单元的运行

系统启动后,若供料单元的出料台上没有工件,则应把工件推到出料台上,并向系统发出出料台上有工件的信号。若供料单元的料仓内没有工件或工件不足,则向系统发出报警或预警信号。出料台上的工件被输送单元抓取机械手装置取出后,若系统仍然需要推出工件进行加工,则进行下一次推出工件操作。

3)输送单元运行 1

当工件被推到供料单元出料台后,输送单元抓取机械手装置应执行抓取供料单元工件的操作。动作完成后,伺服电动机驱动抓取机械手装置移动到加工单元物料台的正前方,把工件放到加工单元的物料台上。

4)加工单元运行

加工单元物料台上的工件被检出后,执行加工过程。当加工好的工件被重新送回待料位置时,向系统发出冲压加工完成信号。

5)输送单元运行 2

系统接收到冲压加工完成信号后,输送单元抓取机械手装置应执行抓取已加工工件的操作。抓取动作完成后,伺服电动机驱动抓取机械手装置移动到装配单元物料台的正前方,然后把工件放到装配单元物料台上。

6)装配单元运行

装配单元物料台的传感器检测到工件到来后,开始执行装配过程。装配动作完成后,向系统发出装配完成信号。

如果装配单元的料仓或料槽内没有小圆柱工件或工件不足,应向系统发出报警或预警信号。

7)输送单元运行 3

系统接收到装配完成信号后,输送单元抓取机械手装置应抓取已装配的工件,然后从装配单元向分拣单元运送工件,到达分拣单元传送带上方入料口后把工件放下,然后执行返回原点的操作。

8)分拣单元运行

输送单元抓取机械手装置放下工件、缩回到位后,分拣单元的变频器即启动,驱动传动电动机以最高运行频率(由人机界面指定)的 80% 运行,把工件带入分拣区进行分拣,工件分拣原则与单站运行相同。当分拣气缸活塞杆推出工件并返回后,应向系统发出分拣完成信号。

仅当分拣单元分拣工作完成,并且输送单元抓取机械手装置回到原点,系统的一个工作周期才结束。如果在工作周期内没有触摸过停止按钮,系统在延时 1 s 后开始下一周期工作。如果在工作周期内触摸过停止按钮,系统工作结束,警示灯中的黄色灯熄灭,绿色灯仍保持长亮。系统工作结束后若再按下启动按钮,则系统又重新工作。

3. 系统异常的全线运行模式测试

1)工件供给状态的信号警示

如果发生来自供料单元或装配单元的"工件不足"的预报警信号或"工件没有"的报警信号,则系统动作如下所述。

① 如果发生"工件不足"的预报警信号,警示灯中的红色灯以 1 Hz 的频率闪烁,绿色和黄色灯保持长亮。系统继续工作。

② 如果发生"工件没有"的报警信号,警示灯中的红色灯以亮 1 s、灭 0.5 s 的方式闪烁;黄色灯熄灭,绿色灯保持长亮。

若"工件没有"的报警信号来自供料单元,且供料单元物料台上已推出工件,则系统继续运行,直至完成该工作周期内尚未完成的工作。当该工作周期的工作结束,系统将停止工作,除非"工件没有"的报警信号消失,否则系统不能再启动。

若"工件没有"的报警信号来自装配单元,且装配单元回转台上已落下小圆柱工件,则系统继续运行,直至完成该工作周期内尚未完成的工作。当该工作周期的工作结束,系统将停止工作,除非"工件没有"的报警信号消失,否则系统不能再启动

2)急停与复位

若在系统工作过程中按下输送单元的急停按钮,则输送单元立即停车。在急停复位后,应从急停前的断点开始继续运行。但若按下急停按钮时,抓取机械手装置正在向某一目标点移动,则急停复位后输送单元抓取机械手装置应首先返回原点位置,然后再向原目标点运动。

◀ 任务 1 PLC 的 PPI 通信网络 ▶

【能力目标】

(1)了解西门子 PLC 的 PPI 通信网络的类型及特点。
(2)能够利用 PPI 通信完成各端口参数的设定。

【工作任务】

通过对后面实践指导内容的学习以及查阅相关资料,完成以下工作任务:
(1)完成 PPI 通信网络的连接与调试。
(2)掌握西门子 PLC 的 PPI 通信协议及网络编程指令。

【相关知识】

一、西门子 PLC 常用通信方式

1. PPI 通信协议

PPI 协议是 S7-200 CPU 采用的最基本的通信方式,CPU 通过自身的端口(PORT0 或

PORT1)就可以实现通信,PPI 协议是 S7-200 默认的通信方式。

2. 自由口通信协议

用户自己规定协议,编程控制自由口(PORT0、PORT1)的串行通信。在自由口通信模式下,用户可以通过发送指令(XMT)、接收指令(RCV)、发送中断、接收中断来控制通信口的操作。

3. MPI 通信协议

MPI 是德国西门子股份公司开发的一种适用于小范围、近距离、少数站点间通信的网络协议,是 PPI 协议的扩展。S7-200 可以通过内置的 PPI 口或 EM277 连接到 MPI 网络上,与 S7-300/400 进行 MPI 通信。

4. PROFIBUS 通信协议

PROFIBUS 协议是西门子的现场总线协议,也是 IEC(国际电工委员会)61158 国际标准中的现场总线标准之一。

5. PROFINET 通信协议

PROFINET 协议是西门子的工业以太网通信协议,符合 IEEE802.3 国际标准。PROFINET 以 TCP/IP 与其他设备交换数据,PLC 若要和工业以太网连接则需通过 CP 通信模块或 CPU 内置的 NP 接口,采用标准的 RJ45 水晶接头连接。

6. AS-I 执行器/传感器接口通信协议

AS-I 是位于自动控制系统最底层的网络,用来连接具有 ASI 接口的现场二进制设备,只能传送少量的数据,如开关状态等。

主站采用 AS-I 规范电缆(黄色两芯、1.5 平方电缆)来连接上一级控制器时,能自动组织 AS-I 电缆的数据传输,确保传感器/执行器的信号能够通过相应的接口传送到上一级总线系统,如 S7-300 的 CP343-2 模板。

二、西门子 PPI 通信概述

在前面的项目中,重点介绍了 YL-335B 的各个工作单元在作为独立设备工作时用 PLC 实现控制的基本思路,这相当于模拟了一个简单的单体设备的控制过程。本项目将以 YL-335B 出厂例程为实例,介绍如何通过 PLC 实现对由几个相对独立的单元组成的一个生产线的控制。

YL-335B 系统采用每一工作单元由一台 PLC 承担其控制任务,各 PLC 之间通过 RS-485 串行通信实现互连的分布式控制方式。组建成网络后,系统中的每一个工作单元也称作工作站。

PLC 网络的具体通信模式取决于所选厂家的 PLC 类型。YL-335B 的标准配置:若 PLC 选用 S7-200 系列,则通信方式采用 PPI 协议通信。

PPI 协议物理上基于 RS-485 口,通过屏蔽双绞线就可以实现 PPI 通信,是一种主-从协议通信方式,主-从站在一个令牌环网中。该协议的功能和特点如下所述。

(1)主站发送请求,从站响应,从站设备不主动发出信息。

(2)不限制与任意一从站通信的主站数量,但在硬件上要求整个网络中安装的主站设备不能超过 32 台。

(3)不需要扩展模块,通过内置的串口(也称 PPI 口)即可实现通信。

(4)S7-200 作为主站时,可以通过 NETR(网络读取)和 NETW(网络写入)指令来读写另外一个 S7-200,且 S7-200 仍可以作为从站响应其他主站的请求,但此时最好启用 PPI 高级协议,因为这样允许网络中设备与设备之间建立逻辑连接。与 EM277 通信时,也必须启用 PPI 高级协议。

【实践指导】

一、PPI 网络的连接方法

PPI 协议是专门为 S7-200 开发的通信协议,S7-200 CPU 的通信口(PORT0、PORT1)支持 PPI 协议,S7-200 的一些通信模块也支持 PPI 协议,STEP7-Micro/WIN 与 CPU 进行编程通信时也须通过 PPI 协议。PPI 协议的安装连接需要用规定的电缆和接口。

1. 通信电缆

PPI 通信网络所使用的电缆是 Profibus DP 电缆,这种电缆采用实心裸铜线导体作芯线,内部只有一红一绿两根线,加厚铝箔和加密裸金属丝编织层的屏蔽效果好,紫色 PVC 外护套具有良好的信号传输性能。

图 10-2　S7-200 CPU 通信口

2. S7-200 CPU 的通信口

S7-200 CPU 的 PPI 网络通信建立在 RS-485 网络的硬件基础上,因此其连接属性和需要的网络硬件设备是与其他 RS-485 网络一致的。S7-200 CPU 的通信口是与 RS-485 兼容的 9 针 D 型连接器,如图 10-2 所示,符合欧洲标准 EN 50170 中的 Profibus 标准,其引脚分配如表 10-1 所示。

表 10-1　S7-200 CPU 通信口的引脚分配

引　脚　号	Profibus 引脚名	PORT0/PORT1
1	屏蔽	外壳接地
2	24 V	返回逻辑地
3	RS-485 信号 B	RS-485 信号 B
4	发送申请	RTS(TTL)
5	5 V 返回	逻辑地
6	+5 V	+5 V,100 Ω 串联电阻
7	+24 V	+24 V
8	RS-485 信号 A	RS-485 信号 A
9	未用	10 位,协议选择(输入)
连接器外壳	屏蔽	外壳接地

3. 网络连接器

PPI 网络使用 Profibus 总线连接器,德国西门子股份公司提供两种 Profibus 总线连接器:一种是标准 Profibus 总线连接器(见图 10-3(a)),另一种是带编程接口的 Profibus 总线连接器(见图 10-3(b)),后者允许在不影响现有网络连接的情况下,再连接一个编程站或者 HMI 设备到网络中。带编程接口的 Profibus 总线连接器将 S7-200 的所有信号(包括电源引脚)传到编程接口,这种总线连接器对于那些从 S7-200 取电源的设备(例如 TD200)尤为有用。两种总线连接器都有两组螺钉连接端子,可以用来连接输入连接电缆和输出连接电缆,也都有网络偏置和终端电阻开关,如图 10-3(c)所示。终端电阻开关在 ON 位置时则接通内部的网络偏置和终端电阻,在 OFF 位置时则断开内部的网络偏置和终端电阻。连接网络两端节点设备的总线连接器应将开关放在 ON 位置,以减少信号的反射。

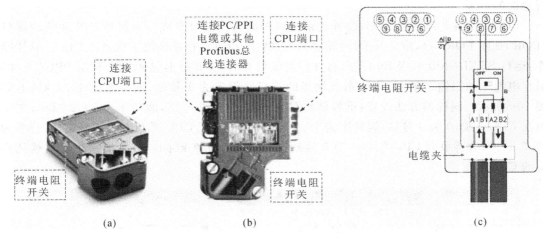

图 10-3　西门子 Profibus 总线连接器

4. PPI 网络连接

1)基本连接原则

连接电缆必须安装合适的浪涌抑制器,这样可以避免雷击浪涌。应避免将低压信号线和通信电缆,交流导线和高能量、快速开关的直流导线布置在同一线槽中。要成对使用导线,用中性线或公共线与电源线或信号线配对。

具有不同参考电位的互联设备有可能导致不希望的电流流过连接电缆。这种不希望的电流有可能导致通信错误或者设备损坏。要确保用通信电缆连接在一起的所有设备具有相同的参考电位或者彼此隔离,以避免产生这种不希望的电流。

2)通信距离、通信速率及电缆选择

如表 10-2 所示,网络电缆的最大长度取决于两个因素:隔离(使用 RS-485 中继器)和波特率。

表 10-2　网络电缆的最大长度

波　特　率	网络电缆的最大长度	
	非隔离 CPU 端口 1	有中继器的 CPU 端口或者 EM277
9.6~187.5 Bd	50 m	1 000 m
500 Bd	不支持	400 m
1~1.5 Bd	不支持	200 m
3~12 Bd	不支持	100 m

　　一般情况下,当接地点之间的距离很远时,有可能具有不同的地电位;即使距离较近,大型机械的负载电流也能导致地电位不同。当连接具有不同地电位的设备时需要隔离设备。如果不使用隔离端口或者中继器,允许的最大长度为 50 m,测量该长度时,从网段的第一个节点开始,到网段的最后一个节点为止。

二、组态 PPI 通信网络

　　下面以 YL-335B 各工作站 PLC 实现 PPI 通信的操作步骤为例,说明使用 PPI 协议实现通信的步骤。

　　(1) 对网络上每一台 PLC,设置其系统块中的通信端口参数。对用作 PPI 通信的端口(PORT0 或 PORT1),指定其地址(站号)和波特率,设置后把系统块下载到该 PLC。具体操作:运行 STEP7-Micro/WIN 程序,打开设置端口对话框,如图 10-4 所示。利用 PPI/RS-485 编程电缆单独把输送单元 CPU 系统块里的端口 0 设置为 1 号站,波特率为 19.2 kbps,如图 10-5 所示。同样的方法设置:供料单元 CPU 端口 0 为 2 号站,波特率为 19.2 kbps;加工单元 CPU 端口 0 为 3 号站,波特率为 19.2 kbps;装配单元 CPU 端口 0 为 4 号站,波特率为 19.2 kbps;分拣单元 CPU 端口 0 为 5 号站,波特率为 19.2 kbps。分别把系统块下载到相应的 CPU 中。

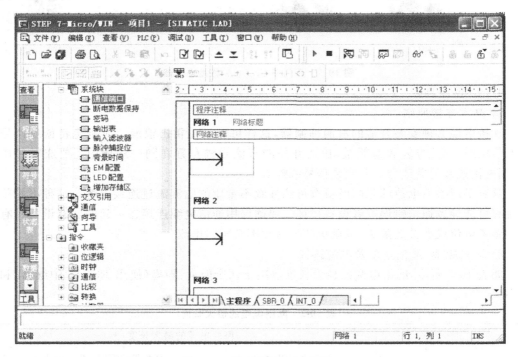

图 10-4　打开设置端口对话框

　　(2) 利用网络接头和网络线把各台 PLC 中用作 PPI 通信的端口 0 予以连接,所使用的网络接头中,2~5 号站用的是标准网络连接器,1 号站用的是带编程接口的连接器,该编程接口通过 RS-232/PPI 多主站电缆与个人计算机连接。然后利用 STEP7-Micro/WIN 软件和 PPI/RS-485 编程电缆搜索出 PPI 网络上的 5 个站,如图 10-6 所示。

　　(3) 必须在上电的第 1 个扫描周期内,在 PPI 网络主站(输送单元)PLC 程序中,用特殊

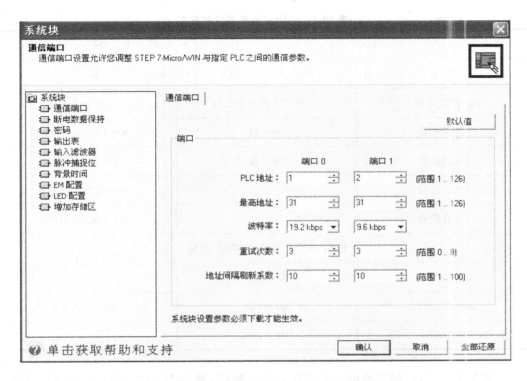

图 10-5 设置输送单元 PLC 端口 0 的参数

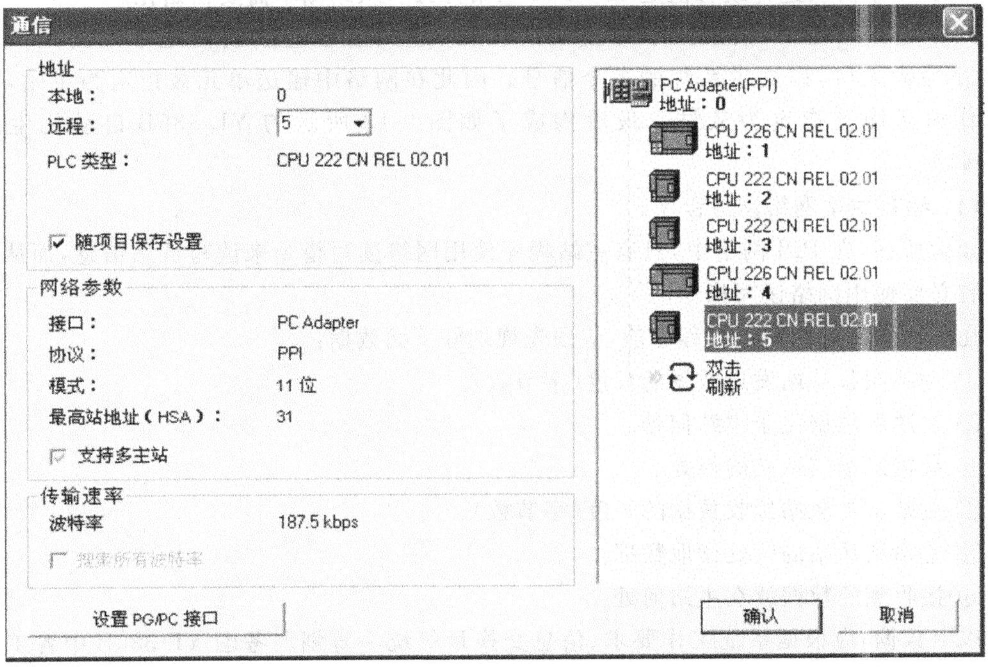

图 10-6 PPI 网络上的 5 个站

存储器 SMB30 指定其主站属性,从而使能其主站模式。SMB30 是 S7-200 PLC PORT0 自由通信口的控制字节,各位表达的意义如表 10-3 所示。

表 10-3 SMB30 各位表达的意义

bit7	bit6	bit5	bit4	bit3	bit2	bit1	bit0
p	p	d	b	b	b	m	m

pp:校验选择		d：每个字符的数据位		mm:协议选择	
00＝不校验		0＝8 位		00＝PPI/从站模式	
01＝偶校验		1＝7 位		01＝自由口模式	
10＝不校验				10＝PPI/主站模式	
11＝奇校验				11＝保留（未用）	

bbb：自由口波特率（单位：波特）		
000＝38400	011＝4800	110＝115.2 k
001＝19200	100＝2400	111＝57.6 k
010＝9600	101＝1200	

在 PPI 模式下，控制字节的 2 到 7 位是被忽略的，即 SMB30＝0000 0010，定义 PPI 主站。SMB30 中协议选择缺省值是 00＝PPI 从站，因此，从站侧不需要初始化。

YL-335B 系统中，按钮指示灯模块的按钮、开关信号连接到输送单元的 PLC（S7-226 CN）输入口，以提供系统的主令信号。因此在网络中输送单元被指定为主站，其余各工作单元均被指定为从站。最后构成了如图 0-13 所示的 YL-335B 自动化生产线 PPI 网络。

（4）编写主站网络读写程序。

如前所述，在 PPI 网络中，只有主站程序使用网络读写指令来读写从站信息，而从站程序没有必要使用网络读写指令。

在编写主站的网络读写程序前，应预先规划好下面数据：

① 主站向各从站发送数据的长度（字节数）。

② 发送的数据位于主站何处。

③ 数据发送到从站的何处。

④ 主站从各从站接收数据的长度（字节数）。

⑤ 主站从从站的何处读取数据。

⑥ 接收到的数据放在主站何处。

以上数据，应根据系统工作要求、信息交换量等统一筹划。考虑 YL-335B 中各工作站 PLC 所需交换的信息量不大，主站向各从站发送的数据只是主令信号，从从站读取的也只是各从站状态信息，发送和接收的数据均为 1 个字（2 个字节）已经足够。数据地址规划方法可参照表 10-4。

表 10-4　网络读写数据规划实例

输送站 1 号站（主站）	供料站 2 号站（从站）	加工站 3 号站（从站）	装配站 4 号站（从站）	分拣站 5 号站（从站）
发送数据的长度	2 字节	2 字节	2 字节	2 字节
从主站何处发送	VB1000	VB1000	VB1000	VB1000
发往从站何处	VB1000	VB1000	VB1000	VB1000
接收数据的长度	2 字节	2 字节	2 字节	2 字节
数据来自从站何处	VB1010	VB1010	VB1010	VB1010
数据存到主站何处	VB1200	VB1204	VB1208	VB1212

网络读写指令可以向远程站发送或接收 16 个字节的信息，在 CPU 内同一时间最多可以有 8 条指令被激活。YL-335B 有 4 个从站，因此考虑同时激活 4 条网络读指令和 4 条网络写指令。

根据上述数据，即可编制主站的网络读写程序。但更简便的方法是借助网络读写向导程序。这一向导程序可以快速简单地配置复杂的网络读写指令操作，为所需的功能提供一系列选项。一旦完成，向导将为所选配置生成程序代码，并初始化指定的 PLC 为 PPI 主站模式，同时使能网络读写操作。

启动网络读写向导程序：在 STEP7-Micro/WIN 软件命令菜单中选择工具→指令导向，并且在指令向导窗口中选择 NETR/NETW（网络读写），单击"下一步"后，就会出现 NETR/NETW 指令向导界面，如图 10-7 所示。本界面和紧接着的下一个界面，将要求用户提供希望配置的网络读写操作总数、指定进行读写操作的通信端口、指定配置完成后生成的子程序名字，完成这些设置后，将进入对具体每一条网络读或写指令的参数进行配置的界面。

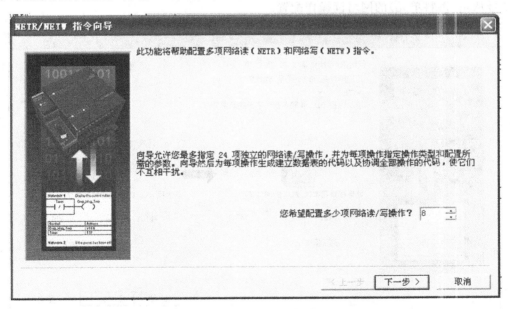

图 10-7　NETR/NETW 指令向导界面

8项网络读写操作安排如下：第1～4项为网络写操作，主站向各从站发送数据，主站读取各从站数据；第5～8项为网络读操作，主站读取各从站数据。图10-8所示为第1项操作配置界面，选择NETW操作，由表10-4可知，主站（输送单元）向各从站发送的数据都位于主站PLC的VB1000～VB1001处，所有从站都在其PLC的VB1000～VB1001处接收数据。所以前4项仅站号不一样，其余填写内容都是相同的。

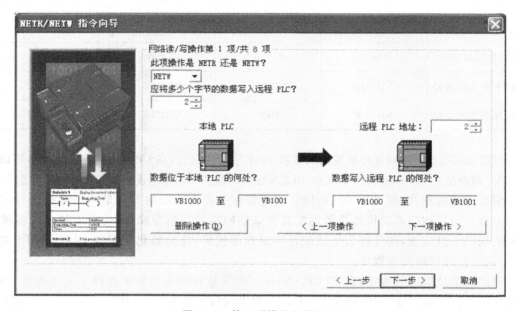

图10-8　第1项操作配置界面

完成前4项数据填写后，再单击"下一项操作"，进入第5项配置，第5～8项都是网络读操作，按表10-4所示的各站规划逐项填写数据，直至第8项操作配置完成。图10-9所示是对2号从站（供料单元）的网络读操作配置。

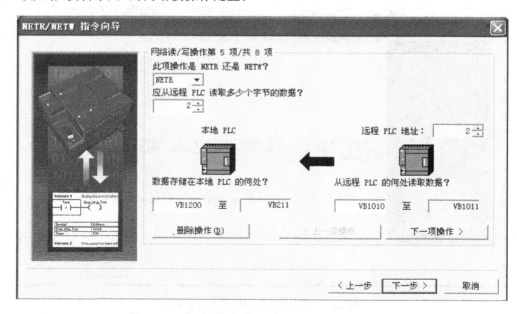

图10-9　对2号从站（供料单元）的网络读操作配置

8 项配置完成后,单击"下一步",导向程序将要求用户指定一个 V 存储区的起始地址,以便将此配置放入 V 存储区。这时若在选择框中填入一个 VB 值(例如 VB100),或单击"建议地址",程序将自动建议一个大小合适且未使用的 V 存储区地址范围。如图 10-10 所示。

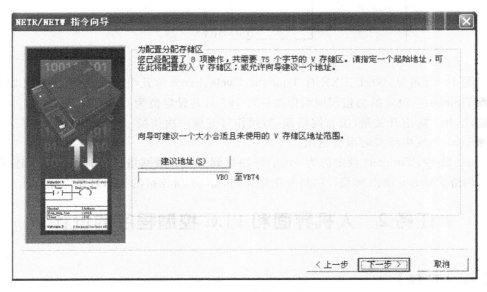

图 10-10 为配置分配存储区

单击"下一步",全部配置完成,向导将为所选的配置生成项目组件,如图 10-11 所示。修改或确认图中各栏目后,单击"完成",借助网络读写向导程序配置网络读写操作的工作结束。这时,指令向导界面将消失,程序编辑器窗口将增加 NET_EXE 子程序标记。

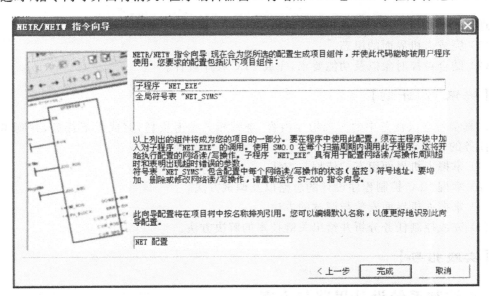

图 10-11 生成项目组件

要在程序中使用上面所完成的配置,须在主程序块中加入对子程序 NET_EXE 的调用指令。使用 SM0.0 在每个扫描周期内调用此子程序,系统将开始执行配置的网络读/写操作。梯形图如图 10-12 所示。

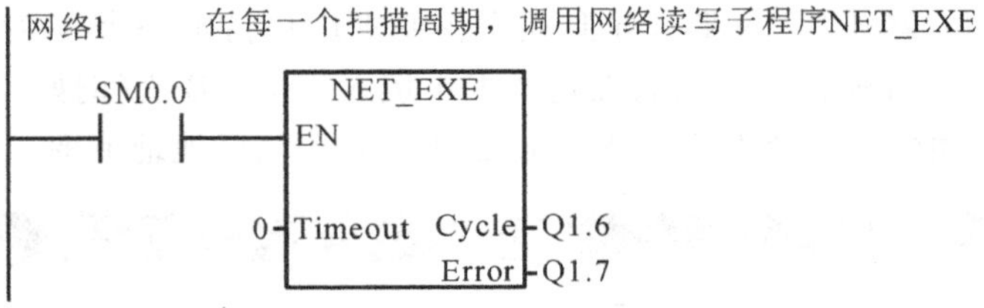

图 10-12　子程序 NET_EXE 的调用

由图 10-12 可见,NET_EXE 有 Timeout、Cycle、Error 等几个参数,它们的含义如下:

■Timeout　设定的通信超时时限 1~32 767 s,若设定值为 0,则不计时。

■Cycle　输出开关量,所有网络读/写操作每完成一次切换一次状态。

■Error　发生错误时报警输出。

图 10-12 中,Timeout 设定值为 0,Cycle 输出到 Q1.6,故网络通信时,Q1.6 所连接的指示灯将闪烁。Error 输出到 Q1.7,当发生错误时,Q1.7 所连接的指示灯将点亮。

◀ 任务 2　人机界面和 PLC 控制程序的设计 ▶

【能力目标】

(1)掌握人机界面的概念和特点,以及人机界面的组态方法。

(2)能根据控制要求,完成人机界面组态程序的编写、调试。

【工作任务】

通过对后面实践指导内容的学习以及查阅相关资料,完成以下工作任务:

(1)完成人机界面的组态。

(2)结合被控对象以及功能要求,完成 PLC 程序设计。

【资讯 & 计划】

认真学习本次任务中的实践指导内容,查阅相关参考资料,完成以下任务,并列出完成工作任务的计划。

(1)掌握人机界面组态的依据与方法。

(2)掌握 PLC 控制程序设计的思路以及调试方法。

(3)掌握人机界面安装与调试的方法。

(4)完成控制任务分析并给出关键技术的解决方法。

【实践指导】

一、控制系统设计思路与方案

YL-335B 全线运行需要在各工作单元独立运行的基础上,结合主、从站的功能,进行硬件的安装和软件的设计。在设计控制系统前需要完成以下工作,并解决好系统的关键技术。

1. 各工作单元的安装和调整

YL-335B 各工作单元的机械安装、气路连接及调整、电气接线等工作步骤和注意事项在前面项目中已经叙述过，这里不再重复。

基于工作台的安装特点，原点位置一旦确定后，输送单元的安装位置也已确定。在空的工作台上进行系统安装的步骤如下所述。

（1）完成输送单元装置侧的安装。包括直线运动组件、抓取机械手装置、拖链装置、电磁阀组件、装置侧电气接口等的安装，抓取机械手装置上各传感器的引出线、连接到各气缸的气管沿拖链敷设和绑扎，装置侧电气接口的接线，单元气路的连接等。

（2）供料、加工和装配等工作单元在完成其装置侧的装配后，在工作台上定位安装。它们沿 Y 方向的定位，以输送单元机械手在伸出状态时能顺利在各工作单元的物料台上抓取和放下工件为准。

（3）分拣单元在完成其装置侧的装配后，在工作台上定位安装。沿 Y 方向的定位，应使传送带上进料口中心点与输送单元直线导轨的中心线重合；沿 X 方向的定位，应确保输送单元机械手运送工件到分拣单元时，能准确地把工件放到进料口中心上。

需要指出的是，在安装工作完成后，必须进行必要的检查工作和局部试验工作，确保及时发现问题。

2. 电路设计和电路连接

根据生产线的运行要求完成分拣单元和输送单元的电路设计和电路连接。

（1）设计分拣单元的电气控制回路，并根据所设计的电路图连接电路。电路图应包括 PLC 的 I/O 端子分配和变频器的主电路及控制电路。电路连接完成后应根据运行要求设定变频器有关参数，并现场测试旋转编码器的脉冲当量（测试 3 次取平均值，有效数字为小数点后 3 位），参数值应记录在所提供的电路图上。

（2）设计输送单元的电气控制回路，并根据所设计的电路图连接电路。电路图应包括 PLC 的 I/O 端子分配、伺服电动机驱动器的控制电路。电路连接完成后应根据运行要求设定伺服电动机驱动器的有关参数，参数值应记录在所提供的电路图上。

3. 各工作单元 PLC 网络连接

系统的控制方式应采用 PPI 协议通信的分布式网络控制，并指定输送单元作为系统主站。系统主令工作信号由触摸屏人机界面提供，但系统紧急停止信号由输送单元的按钮指示灯模块的急停按钮提供。安装在工作桌面上的警示灯应能显示整个系统的主要工作状态，例如复位、启动、停止、报警等。

4. 有关参数的设置和测试

电气接线完成后，应进行变频器、伺服驱动器有关参数的设定，并现场测试旋转编码器的脉冲当量。

5. 触摸屏连接与人机界面设计

首先将触摸屏连接到系统主站的 PLC 编程口。在 TPC7062KS 人机界面上组态画面的要求：用户窗口包括主界面和欢迎界面两个窗口，其中，欢迎界面是启动界面，当触摸欢迎界面上的任意部位时，窗口都将切换到主界面。

主界面组态应具有下列功能：

（1）提供系统工作方式（单站/全线）选择信号和系统复位、启动和停止信号。

（2）在人机界面上设定分拣单元变频器的输入运行频率（40～50 Hz）。

（3）在人机界面上动态显示输送单元抓取机械手装置当前位置（以原点位置为参考点，度量单位为毫米）。

（4）显示网络的运行状态（正常/故障）。

（5）显示各工作单元的运行/故障状态，其中故障状态包括：

① 供料单元的供料不足状态和缺料状态。

② 装配单元的供料不足状态和缺料状态。

③ 输送单元抓取机械手装置发生越程故障（左极限或右极限开关动作）。

（6）显示全线运行时系统的紧急停止状态。

二、人机界面的设计

1. 工程分析和创建

在开始组态工程之前，先对该工程进行剖析，以便从整体上把握工程的结构、流程、需实现的功能及如何实现这些功能。

（1）工程框架　有两个用户窗口，即"欢迎画面"和"主画面"。有一个策略：循环策略。

（2）数据对象　各工作单元以及全线的工作状态指示灯、单机全线切换旋钮、启动按钮、停止按钮、复位按钮、变频器输入频率设定、机械手当前位置等。

（3）图形制作　欢迎画面窗口：①图片通过位图装载实现；②文字通过标签实现；③按钮由对象元件库引入。

主画面窗口：①文字通过标签构件实现；②各工作单元以及全线的工作状态指示灯、时钟由对象元件库引入；③单机全线切换旋钮，启动、停止、复位按钮由对象元件库引入；④输入频率设定通过输入框构件实现；⑤机械手当前位置通过标签构件和滑动输入器实现。

（4）流程控制　通过循环策略中的脚本程序策略块实现。

上述规划完成后，即可创建工程，进行组态。

2. 定义数据对象和连接设备

1）定义数据对象

数据对象是构成实时数据库的基本单元，建立实时数据库的过程也就是定义数据对象的过程。主要数据对象如表 10-5 所示。

表 10-5　主要数据对象

序　号	对象名称	类　型	序　号	对象名称	类　型
1	越程故障_输送	开关型	14	运行_供料	开关型
2	运行_输送	开关型	15	料不足_供料	开关型
3	单机全线_输送	开关型	16	缺料_供料	开关型
4	复位按钮_全线	开关型	17	单机全线_加工	开关型
5	停止按钮_全线	开关型	18	运行_加工	开关型
6	启动按钮_全线	开关型	19	单机全线_装配	开关型
7	单机全线切换_全线	开关型	20	运行_装配	开关型
8	网络正常_全线	开关型	21	料不足_装配	开关型

续表

序 号	对象名称	类 型	序 号	对象名称	类 型
9	网络故障_全线	开关型	22	缺料_装配	开关型
10	运行_全线	开关型	23	单机全线_分拣	开关型
11	急停_输送	开关型	24	运行_分拣	开关型
12	输入频率设置_分拣	数值型	25	手爪当前位置_输送	数值型
13	单机全线_供料	开关型			

下面以数据对象"越程故障_输送"为例,介绍定义数据对象的步骤。

(1) 单击工作台中的"实时数据库"窗口标签,进入实时数据库窗口页。

(2) 单击"新增对象"按钮,在窗口的数据对象列表中,增加新的数据对象。

(3) 选中对象,单击"对象属性"按钮,或双击选中对象,则打开"数据对象属性设置"窗口。

(4) 将数据对象名称改为"越程故障_输送",对象类型选择"开关型",单击"确认"。

按照此步骤,根据表 10-5,定义其他数据对象。

2) 设备连接

使定义好的数据对象和 PLC 内部变量进行连接,具体操作步骤如下:

(1) 在设备窗口中双击"设备窗口"图标进入相关界面,然后单击工具条中的"工具箱"图标 ✗ ,打开"设备工具箱"。

(2) 在可选设备列表中,双击"通用串口父设备",然后双击"西门子_S7200PPI",出现的界面如图 10-13 所示。

(3) 双击"通用串口父设备 0—[通用串口父设备]",进入通用串口设备属性编辑窗口,如图 10-14 所示。

图 10-13 西门子 S7-200 设备组态

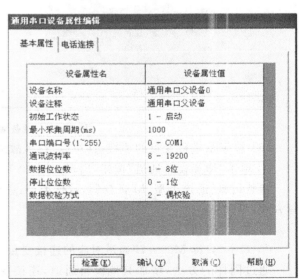

图 10-14 通用串口设备属性编辑窗口

设备属性值设置:

① 串口端口号(1~255)设置为 0 - COM1。

② 通讯波特率设置为 8-19200。

③ 数据校验方式设置为 2-偶校验。

④ 其他设置为默认值。

(4) 双击"设置 0—西门子_S7200PPI",进入设备编辑窗口,如图 10-15 所示,默认右窗口为自动生成通道名称 I000.0~I000.7,可以单击"删除全部通道"按钮予以删除。

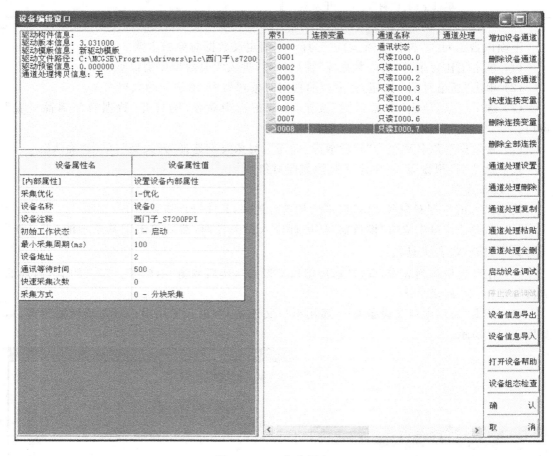

图 10-15　设备编辑窗口

(5) 接下来进行变量的连接,这里以"越程故障_输送"变量的连接为例进行说明。

① 单击"增加设备通道"按钮,出现如图 10-16 所示的窗口。

参数设置:通道类型:M 寄存器,数据类型:通道的第 07 位,通道地址:0,通道个数:1,读写方式:只读。

② 单击"确认"按钮,完成基本属性设置。

③ 双击"只读 M000.7"通道对应的连接变量,从数据中心选择变量"越程故障_输送"。

通过同样的方法,增加其他设备通道,连接变量,完成后单击"确认"按钮。如图 10-17 所示。

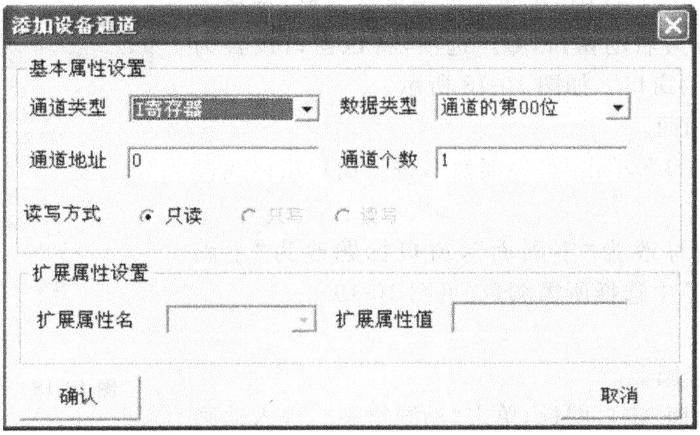

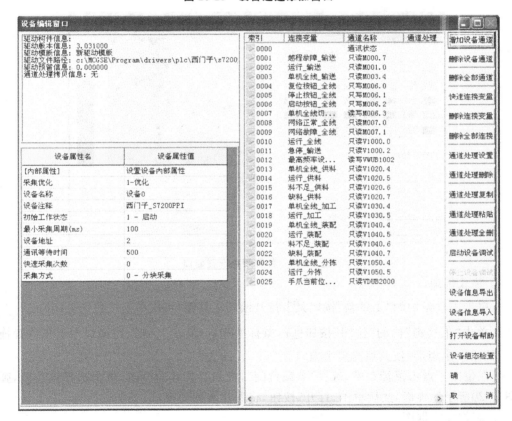

图 10-16 设备通道添加窗口

图 10-17 增加设备通道,连接变量

3. 建立画面和动画组态

1)建立画面

(1)建立欢迎画面。

① 在用户窗口中单击"新建窗口"按钮,建立"窗口 0""窗口 1"。

② 选中"窗口 0",单击"窗口属性",进入用户窗口属性设置界面。

③ 将窗口名称改为"欢迎画面",窗口标题改为"欢迎画面",其他默认。

④ 在用户窗口中,选中"欢迎",点击鼠标右键,选择下拉菜单中的"设置为启动窗口(U)"选项,将该窗口设置为运行时自动加载的窗口。如图 10-18 所示。

（2）建立主画面。

① 选中"窗口 1",单击"窗口属性",进入用户窗口属性设置界面。

② 将窗口名称改为"主画面",窗口标题改为"主画面",在"窗口背景"中选择所需颜色（见图 10-19）。

2）编辑画面

（1）编辑欢迎画面。

选中"欢迎画面"窗口图标,单击"动画组态",进入动画组态窗口开始编辑欢迎画面。

图 10-18　设置启动窗口

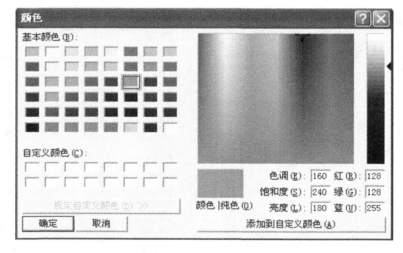

图 10-19　背景颜色设置窗口

① 装载位图。

a. 单击工具条中的"工具箱"按钮 ✖,打开绘图工具箱（再次单击按钮则关闭）。

b. 单击"工具箱"内的"位图"按钮 ,鼠标的光标呈"十"字形,在窗口左上角位置拖拽鼠标,拉出一个矩形,使其填充整个窗口。

c. 在位图上点击鼠标右键,选择"装载位图",找到要装载的位图,单击选择该位图,弹出如图10-20所示的界面,然后单击"打开"按钮,将图片装载到窗口。

② 制作文字框图。

a. 单击工具条中的"工具箱"按钮 ✖,打开绘图工具箱。

b. 单击"工具箱"内的"标签"按钮 **A**,鼠标的光标呈"十"字形,在窗口顶端中心位置拖拽鼠标,根据需要拉出一个大小适合的矩形。

c. 在鼠标光标闪烁位置输入文字"欢迎使用 YL-335B 自动化生产线实训考核装备!",按回车键或在窗口任意位置点击一下鼠标,文字输入完毕。

d. 选中文字框,做如下设置:

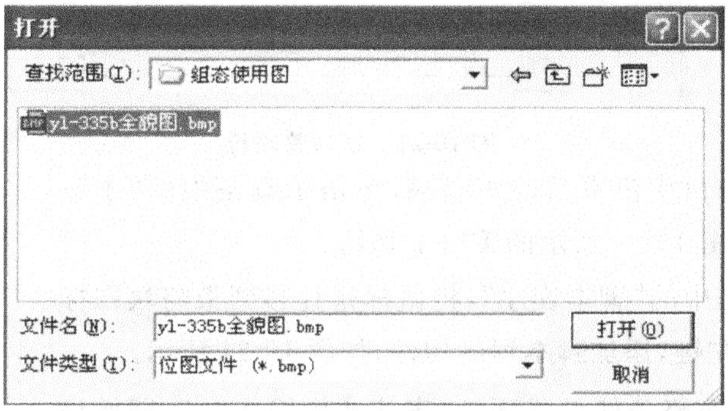

图 10-20　图片选择窗口

单击工具条上的"填充色"按钮 ![填充色图标]，设定文字框的背景颜色：没有填充。

单击工具条上的"线色"按钮 ![线色图标]，设置文字框的边线颜色：没有边线。

单击工具条上的"字符字体"按钮 ![字符字体图标]，设置文字字体：华文细黑，字型：粗体，字号：二号。

单击工具条上的"字符颜色"按钮 ![字符颜色图标]，将文字颜色设为艳粉色。

e. 位置动画连接：在水平移动页做如图 10-21 所示的设置。

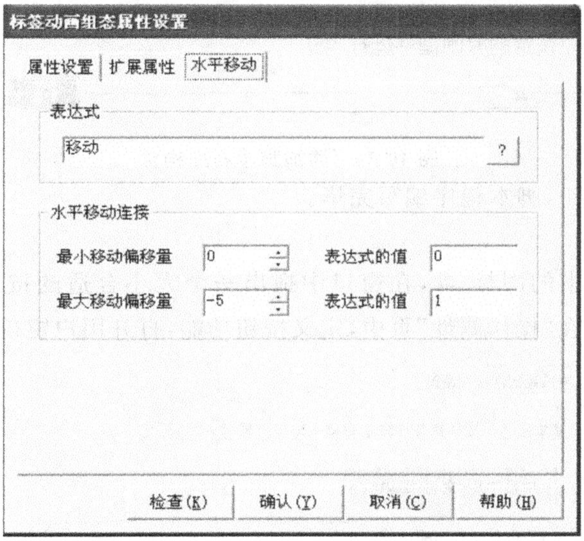

图 10-21　设置水平移动属性

说明：TPC7062KS 的分辨率是 800×480，即从屏的最右边到最左边的偏移量为 800。

③ 循环策略设置。

如果要让"欢迎使用 YL-335B 自动化生产线实训考核装备！"文字移动起来，还要组态循环策略。具体操作如下：

a. 在"运行策略"中，双击"循环策略"进入策略组态窗口。

b. 双击图标 ![图标] 进入策略属性设置窗口，将循环时间设为 100 ms，单击"确认"按钮。

c. 在策略组态窗口中，单击工具条中的"新增策略行"图标 ![图标]，增加一策略行，如图10-22 所示。

图 10-22　增加策略行

如果策略组态窗口中没有策略工具箱,单击工具条中的"工具箱"图标 🔨,弹出如图 10-23 所示的策略工具箱。

单击策略工具箱中的"脚本程序",将鼠标指针移到策略块图标 ▭ 上,点击鼠标左键,添加脚本程序构件,如图 10-24 所示。

双击 ❀ 进入策略条件设置环境,表达式中输入"1",即始终满足条件。

双击 ❀ 进入脚本程序编辑环境,输入下面的程序:

图 10-23　策略工具箱

```
if 移动<= 140 then
    移动= 移动+1
else
    移动= -140
end if
```

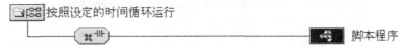

图 10-24　添加脚本程序构件

d. 单击"确认"按钮,脚本程序编写完毕。

④ 制作按钮。

单击绘图工具箱中的图标 ▭,在窗口中拖出一个大小合适的按钮,双击按钮,出现如图 10-25 所示的窗口,在"操作属性"页中,定义按钮功能:打开用户窗口时选择主画面。

图 10-25　按钮属性设置窗口

（2）编辑主画面。

① 制作主画面的标题文字。

输入文字"YL-335B 自动化生产线实训考核装备"，设置方法同欢迎画面，但是不进行水平移动属性设置。

② 插入时钟。

单击绘图工具箱中的"插入元件"图标 ，弹出对象元件库管理对话框（见图 10-26），单击"时钟"，选择"时钟 4"。

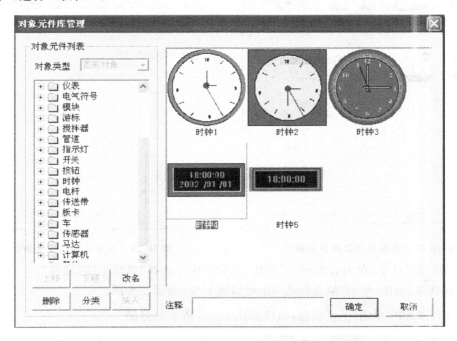

图 10-26 对象元件库管理对话框

③ 供料单元状态组态。

加工单元、装配单元、分拣单元、输送单元和供料单元的状态组态画面相似。

a. 制作矩形。

单击绘图工具箱中的图标 ，在窗口的左上方拖出一个大小适合的矩形，双击矩形，出现如图 10-27 所示的界面，属性设置如下：

单击工具条上的"填充色"按钮 ，设置矩形框的背景颜色：没有填充。

单击工具条上的"线色"按钮 ，设置矩形框的边线颜色：白色。

其他设置为默认值。单击"确认"按钮完成矩形制作。

b. 制作文字：文字"供料单元"的属性设置如下：

填充颜色：与画面的背景颜色相同。

字符颜色：浅绿色。

字体、字型、字号：宋体、常规、小四。

其他文字的属性设置如下：

填充颜色：与画面的背景颜色相同。

字符颜色:黑色。

字体、字型、字号:华文细黑、常规、五号。

c.制作状态指示灯:以供料单元"单机/全线状态指示灯"和"缺料报警指示灯"为例。

制作供料单元单机/全线状态指示灯:

单击绘图工具箱中的"插入元件"图标，弹出对象元件库管理对话框,选择"指示灯6",单击"确认"按钮。双击指示灯,弹出的界面如图 10-28 所示。

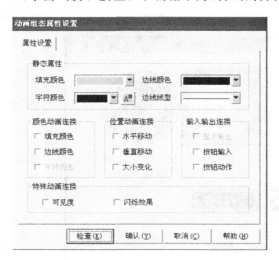

图 10-27　动画组态属性设置窗口

图 10-28　指示灯属性设置窗口 1

"数据对象"页中,单击右边的"?"按钮,从数据中心选择"单机全线_供料"。

"动画连接"页中,单击"填充颜色",出现如图 10-29 所示的界面。

在图 10-29 中,单击"＞"按钮,出现如图 10-30 所示的界面。

图 10-29　指示灯属性设置窗口 2

图 10-30　指示灯属性设置窗口 3

"属性设置"页中,设置填充颜色:白色。

"填充颜色"页中,设置分段点 0 对应颜色:白色,分段点 1 对应颜色:浅绿色,如图 10-31所示,单击"确认"按钮。

制作供料单元缺料报警指示灯：

和供料单元单机/全线状态指示灯组态的不同之处：缺料报警分段点 1 对应的颜色是红色，并且还需组态闪烁功能。

闪烁功能组态的步骤：在图 10-30 中的"属性设置"页，选择"闪烁效果"，"填充颜色"页旁边就会出现"闪烁效果"页，如图 10-32 所示，输入表达式：缺料_供料，选择"用图元可见度变化实现闪烁"，填充颜色：黄色。

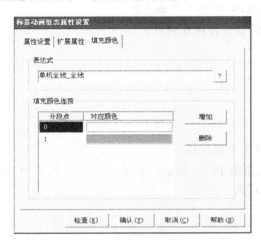

图 10-31　指示灯属性设置窗口 4

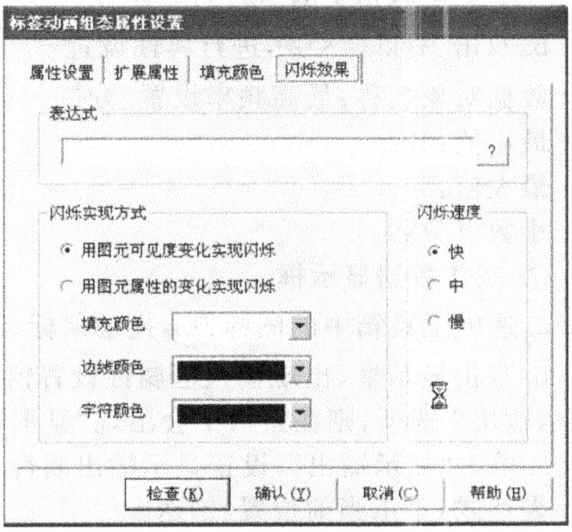

图 10-32　指示灯属性设置窗口 5

④ 制作切换旋钮。

单击绘图工具箱中的"插入元件"图标，弹出对象元件库管理对话框，选择"开关 6"，单击"确认"按钮。双击旋钮，弹出如图 10-33 所示的界面。

在"数据对象"页，"按钮输入"和"可见度"连接数据对象"单机全线切换_全线"。

⑤ 制作按钮：以启动按钮为例进行说明。

单击绘图工具箱中的图标 ，在窗口中拖出一个大小合适的按钮，双击按钮，出现如图 10-34 所示的界面，属性设置如下：

图 10-33　旋钮属性设置窗口

图 10-34　按钮属性设置窗口

"基本属性"页中,无论是处于抬起状态还是按下状态,文本都设置为"启动按钮",背景颜色都设置为浅绿色。

"操作属性"页中,抬起功能:数据对象操作清零,启动按钮_全线;按下功能:数据对象操作置1,启动按钮_全线。

其他设置默认,单击"确认"按钮。

⑥ 制作数值输入框。

a. 选中工具箱中的"输入框"图标 **abl**,拖动鼠标,绘制1个输入框。

b. 双击图标 输入框 ,进行属性设置——只需要设置操作属性:

数据对象名称:最高频率设置_分拣。

最小值:40。

最大值:50。

小数点位:0。

⑦ 制作数据显示框。

a. 选中工具箱中的图标 **A**,拖动鼠标,绘制1个显示框。

b. 双击显示框,出现输入框属性设置窗口,如图10-35所示。在输入输出连接域中选中"显示输出"选项,则在窗口中会出现"显示输出"页。

c. 单击"显示输出",设置显示输出属性:

表达式:手爪当前位置_输送。

输出值类型:数值量输出。

输出格式:十进制。

整数位数:0。

小数位数:0。

d. 单击"确认"按钮,手爪当前位置显示框制作完毕。

⑧ 制作滑动输入器。

a. 选中工具箱中的"滑动输入器"图标 **o─**,当鼠标光标呈"十"字形后,拖动鼠标到适当大小,调整滑动块到适当位置。

b. 双击"滑动输入器构件",进入属性设置窗口,如图10-36所示,按照图中的值设置各个参数:

图10-35 输入框属性设置窗口

图10-36 滑动输入器属性设置窗口

"基本属性"页中,滑块指向:指向左(上)。

"刻度与标注属性"页中,主划线数目:11,次划线数目:2,小数位数:0。

"操作属性"页中,对应数据对象名称:手爪当前位置_输送,滑块在最左(下)边时对应的值:1100,滑块在最右(上)边时对应的值:0。

其他默认。

c.单击"权限"按钮,进入用户权限设置对话框,选择"管理员组",单击"确认"按钮。

3) 人机界面设计的总体效果

人机界面的设计不仅需要满足控制要求,还需要方便、灵活和美观。上面只是将 MCGS 的基本使用方法进行了简单的介绍,由于篇幅有限,无法面面俱到,希望读者参考 MCGS 的相关技术说明书,完成人机界面的设计,下面给出供读者参考的欢迎界面和主界面,分别如图 10-37 和图 10-38 所示。

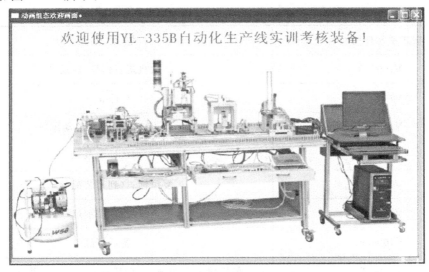

图 10-37   欢迎界面

图 10-38   主界面

三、控制网络的数据规划

YL-335B 是一个分布式控制的自动化生产线,在设计它的整体控制程序时,应首先从它的系统性着手,通过组建网络、规划通信数据,将系统组织起来,然后根据各工作单元的工艺任务,分别编制各工作单元的控制程序。

根据任务要求,确定如表 10-6 至表 10-10 所示的通信数据,仅供参考。

1. 输送单元发送缓冲区数据位定义

输送单元作为全线运行的 1 号站,起到发送控制命令和接收从站工作状态信息的核心控制器作用,必须要明确其数据接收和数据发送缓冲区的具体地址。输送单元发送缓冲区的数据位定义如表 10-6 所示。

表 10-6　输送单元(1 号站)发送缓冲区数据位定义

输送单元位地址	数据意义
V1000.0	联机运行信号(启动)
V1000.1	停止
V1000.2	急停信号(1＝急停动作)
V1000.3	到达加工单元
V1000.4	复位标志(到达装配单元)
V1000.5	全线复位(警示灯绿)
V1000.6	警示灯红
V1000.7	触摸屏全线/单机方式(警示灯黄,1＝全线,0＝单机)
V1001.0	加工单元限制加工
V1001.1	装配单元限制装配
V1001.2	允许供料信号
V1001.3	允许加工信号
V1001.4	允许装配信号
V1001.5	允许分拣信号
V1001.6	供料单元物料不足
V1001.7	供料单元物料没有
VD1002	变频器最高频率输入

2. 输送单元接收缓冲区数据位定义

（1）输送单元接收供料单元（2 号站）的缓冲区数据位定义，以及供料单元数据发送地址的数据位定义，如表 10-7 所示。

表 10-7　输送单元接收供料单元（2 号站）缓冲区数据位定义

输送单元位地址	供料单元位地址	数　据　意　义
V1200.0	V1010.0	供料单元物料不足
V1200.1	V1010.1	供料单元物料有无
V1200.2	V1010.2	供料单元物料台上有无物料
	V1020.0	供料单元在初始状态
	V1020.1	一次推料完成
	V1020.4	全线/单机方式 （1＝全线，0＝单机）
	V1020.5	单站运行信号
	V1020.6	物料不足
	V1020.7	物料没有

（2）输送单元接收加工单元（3 号站）的缓冲区数据位定义，以及加工单元数据发送地址的数据位定义，如表 10-8 所示。

表 10-8　输送单元接收加工单元（3 号站）缓冲区数据位定义

输送单元位地址	加工单元位地址	数　据　意　义
V1204.0	V1010.0	加工单元物料台上有无物料
V1204.1	V1010.1	加工单元加工完成
	V1030.0	加工单元在初始状态
	V1030.1	冲压完成信号
	V1030.4	全线/单机方式 （1＝全线，0＝单机）
	V1030.5	单站运行信号

（3）输送单元接收装配单元（4 号站）的缓冲区数据位定义，以及装配单元数据发送地址的数据位定义，如表 10-9 所示。

表 10-9 输送单元接收装配单元(4 号站)缓冲区数据位定义

输送单元位地址	装配单元位地址	数 据 意 义
V1208.0	V1010.0	装配单元物料不足
V1208.1	V1010.1	装配单元物料有无
V1208.2	V1010.2	装配单元物料台上有无物料
V1208.3	V1010.3	装配单元装配完成
	V1040.0	装配单元在初始状态
	V1040.1	装配完成信号
	V1040.4	全线/单机方式 (1＝全线,0＝单机)
	V1040.5	单机运行信号
	V1040.6	料仓物料不足
	V1040.7	料仓物料没有

(4)输送单元接收分拣单元(5 号站)的缓冲区数据位定义,如表 10-10 所示。

表 10-10 输送单元接收分拣单元(5 号站)缓冲区数据位定义

分拣单元位地址	数 据 意 义	备 注
V1050.0	分拣单元在初始状态	
V1050.1	分拣完成信号	
V1050.4	全线/单机方式	1＝全线,0＝单机
V1050.5	单机运行信号	

【决策 & 实施】

根据机电控制系统的具体要求,自主完成以下工作任务:

(1)根据被控对象和功能需要,给出关键技术的解决方案。

(2)根据控制需求,完成 PLC 从站控制程序设计和主站控制程序设计,并完成调试。

(3)通过控制装置,完成机电控制系统的验证。

【实践指导】

一、主站控制程序设计

YL-335B 自动化生产线全线运行时,输送单元被确定为主站。输送单元是 YL-335B 系统中最为重要,承担工作任务最为繁重的工作单元。主要体现在:①输送单元 PLC 与触摸屏相连接,接收来自触摸屏的主令信号,同时把系统状态显示信息回馈给触摸屏;②作为网络的主站,装配单元要进行大量的网络信息处理;③需完成本单元的工作任务,且全线运行方式下的工艺生产任务与单站运行时略有差异。因此,要把输送单元的单站控制程序修改为联机控制程序,有些技术问题需要先解决。

1. 内存的配置

为了使程序更为清晰合理,编写程序前应尽可能详细地规划所需使用的内存。前面已经规划了供网络变量使用的内存,它们从 V1000 单元开始。在借助 NETR/NETW 指令向导生成网络读写子程序时,指定了所需要的 V 存储区的地址范围(VB395~VB481,共占 87 个字节)。在借助位控向导组态 PTO 时,也指定了所需要的 V 存储区的地址范围。在 YL-335B出厂例程编制中,指定的输出 Q0.0 的 PTO 包络表在 V 存储区的首地址为 VB524,VB500~VB523 范围内的存储区是空着的,留给位控向导所生成的几个子程序 PTO0_CTR、PTO0_RUN 等使用。

此外,在人机界面组态中,也规划了人机界面与 PLC 的连接变量的设备通道,如表 10-11所示。

表 10-11 人机界面与 PLC 的连接变量的设备通道

序 号	连接变量	设备通道名称	序 号	连接变量	设备通道名称
1	越程故障_输送	M0.7(只读)	14	单机/全线_供料	V1020.4(只读)
2	运行状态_输送	M1.0(只读)	15	运行状态_供料	V1020.5(只读)
3	单机/全线_输送	M3.4(只读)	16	工件不足_供料	V1020.6(只读)
4	单机/全线_全线	M3.5(只读)	17	工件没有_供料	V1020.7(只读)
5	复位按钮_全线	M6.0(只写)	18	单机/全线_加工	V1030.4(只读)
6	停止按钮_全线	M6.1(只写)	19	运行状态_加工	V1030.5(只读)
7	启动按钮_全线	M6.2(只写)	20	单机/全线_装配	V1040.4(只读)
8	方式切换_全线	M6.3(读写)	21	运行状态_装配	V1040.5(只读)
9	网络正常_全线	M7.0(只读)	22	工件不足_装配	V1040.6(只读)
10	网络故障_全线	M7.1(只读)	23	工件没有_装配	V1040.7(只读)
11	运行状态_全线	V1000.0(只读)	24	单机/全线_分拣	V1050.4(只读)
12	急停状态_输送	V1000.2(只读)	25	运行状态_分拣	V1050.5(只读)
13	输入频率_全线	VW1002(读写)	26	手爪位置_输送	VD2000(只读)

只有在配置了上面所提及的存储器后,才能考虑在编程中所需用到的其他中间变量。避免非法访问内部存储器,是编程中必须注意的问题。

2. 主程序结构

由于输送单元承担的任务较多,全线运行时,主程序较单机运行时有较大的变动,其中基本功能包括系统初态检查、网络读写与 PTO 初始化等子程序的调用、启动/停止等。

(1)每一扫描周期内,除调用 PTO0_CTR 子程序外,还必须调用网络读写、通信、PTO

子程序，如图 10-39 所示。

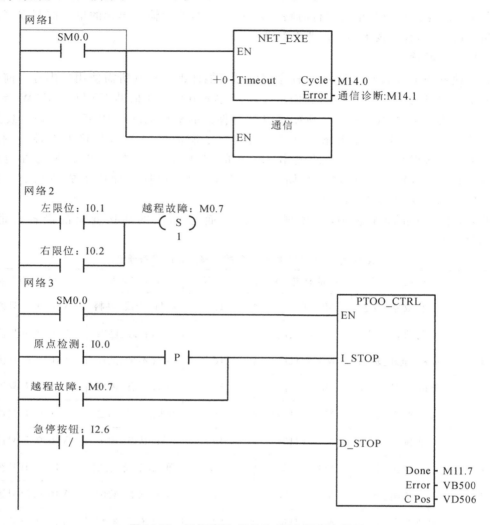

图 10-39　网络读写、通信和 PTO 子程序调用

（2）完成系统工作模式的逻辑判断，除了输送单元本身要处于联机方式外，所有从站都必须处于联机方式。梯形图如图 10-40 所示。

（3）联机方式下，系统复位的主令信号由 HMI 发出。在初始状态检查中，系统准备就绪的条件：除了输送单元本身要准备就绪外，所有从站均应准备就绪。因此，初态检查复位子程序，除了要完成输送单元本站初始状态检查和复位操作外，还要通过网络读取各从站准备就绪信息。如图 10-41 所示。

3. 主站子程序设计

1）子程序的结构组成

主站子程序的结构包括初态检查复位子程序、回原点子程序、通信子程序、运动控制程序、抓取子程序、放下子程序和网络读取子程序等，这些子程序在前面的项目中已有介绍，在全线运行中要考虑触摸屏信息、网络中各站信息的逻辑关系，这里就不再重复讲述，下面仅对运行控制子程序进行设计思路上的引领。

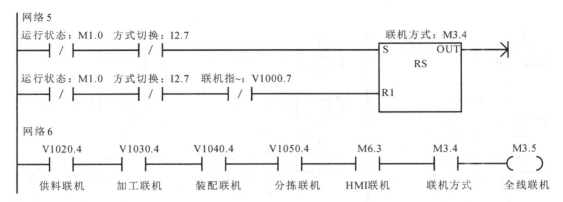

图 10-40　系统联机运行模式的确定

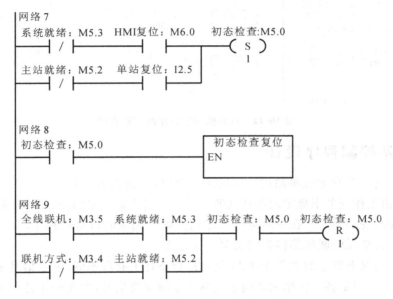

图 10-41　系统初态检查复位子程序

2）运行控制子程序

输送单元联机运行模式下的工艺过程与单站运行时稍有不同,需修改之处主要有以下几点。

（1）项目 9 工作任务中,传送功能测试子程序在初始步就开始执行机械手在供料单元出料台抓取工件的操作,而联机方式下,初始步的操作:通过网络向供料单元请求供料,收到供料单元供料完成信号后,如果没有停止指令,则转移到下一步即执行抓取工件操作。

（2）单站运行时,机械手往加工单元加工台上放下工件,等待 2 s 后取回工件,而联机方式下,取回工件的条件是收到来自网络的加工完成信号。装配单元的情况与此相同。

（3）单站运行时,测试过程结束即退出运行状态。联机方式下,一个工作周期结束后,返回初始步,如果没有停止指令,则开始下一工作周期。

由此,在项目 9 传送功能测试子程序基础上修改的运行控制子程序的流程说明如图 10-42所示,仅供参考。

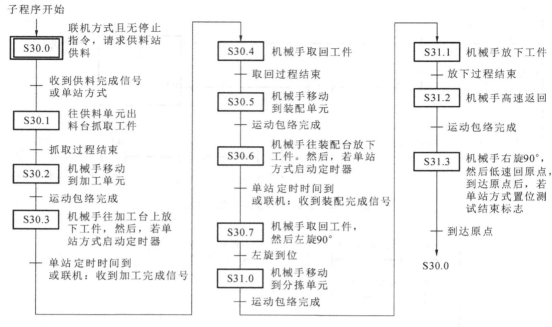

图 10-42　运行控制子程序的流程说明

二、从站控制程序设计

　　YL-335B 各工作单元在单站运行时的编程思路,在前面各项目中均作了介绍。在联机运行情况下,由工作任务书规定的各从站的工艺过程基本是固定的,原单站运行程序中的工艺控制子程序的变动不大。在单站运行程序的基础上编制联机运行程序,实现起来并不困难。下面以供料单元的联机编程为例说明编程思路。

　　联机运行情况下程序的主要变动:一是在运行条件上有所不同,主令信号来自系统通过网络下传的信号;二是各工作单元之间通过网络不断交换信号,由此确定各单元的程序流向和运行条件。对于前者,首先须明确工作站当前的工作模式,以此确定当前有效的主令信号。工作任务书明确地规定了工作模式切换的条件,目的是避免误操作的发生,确保系统可靠运行。工作模式切换条件的逻辑判断应在主程序开始时进行,图 10-43 是实现这一功能的梯形图。

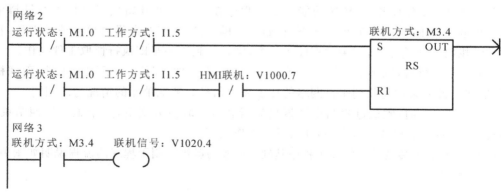

图 10-43　工作模式切换条件的逻辑判断

根据工作单元当前工作模式,确定当前有效的主令信号(启动、停止等),如图 10-44 所示。

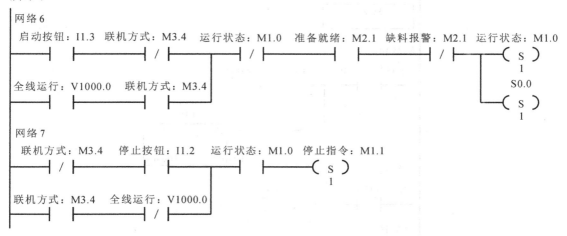

图 10-44　确定当前有效的主令信号

在程序中,处理工作单元之间通过网络交换的信息的方法有两种,以供料单元为例来说明,一种方法是直接使用网络下传的信号,同时在需要上传信息时立即在程序的相应位置插入上传信息,例如在启动/停止子程序中直接使用系统发来的全线运行指令(V1000.0)作为联机运行的主令信号。在运行控制子程序中可用请求供料指令(V1001.2)来决定顺控指令是否向下运行,如图 10-45 所示。

对于网络信息交换量不大的系统,上述方法是可行的。如果系统的网络信息交换量很大,则须采用另一种方法,即专门编写一个通信子程序,主程序在每一扫描周期调用之。这种方法使程序更清晰,更具有可移植性。供料控制子程序中最后工步的梯形图如图 10-46 所示。

其他从站的编程方法与供料单元基本类似,此处不再详述。建议读者对各工作单元的单站例程和联机例程,加以仔细比较和分析。

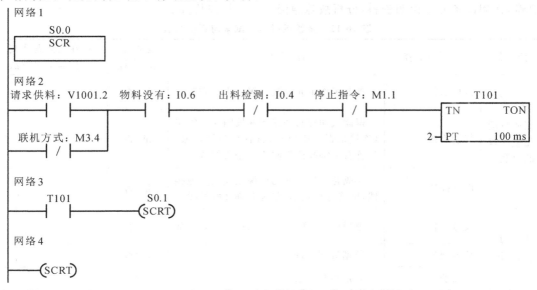

图 10-45　联机或单站方式下运行控制子程序的首步

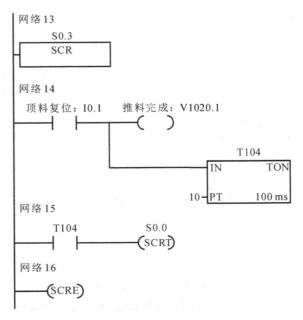

图 10-46　供料控制子程序中最后工步的梯形图

三、调试与运行

人机界面和 PLC 程序编好后,可下载到对应工作单元的触摸屏和 PLC 中,然后依据本工作单元的执行动作过程,通过在线监控、动态调试,完成系统调试,直至系统调试满足项目控制要求为止。

【检查 & 评价】

根据实践操作的步骤,参照表 10-12,检查每一项工作内容是否正确,对于存在的问题或故障,查阅设备使用说明资料,分析故障原因并进行故障排除。

表 10-12　全线运行与调试学习评价总表

任　务	工作内容	评价要点	是否完成/掌握	存在的问题及其分析与解决方法
完成自动化生产线的总装	机械部件	参照工作单元安装位置图进行安装	是/否	
	气动连接	识读气动控制回路图并按图连接气路(连接是否完成或有误;有无漏气现象;气管有无绑扎或气路连接是否规范)	是/否	
	电气连接	完成各工作单元的电源接线及其他接线,网络连接正确,整理并绑扎好导线	是/否	
人机界面设计	设备连接	触摸屏、计算机、PLC 三者的连接正确	是/否	
	数据规划	数据规划合理	是/否	
	界面功能	满足控制要求	是/否	

任　务	工 作 内 容	评 价 要 点	是否完成/掌握	存在的问题及其分析与解决方法
编制各工作单元 PLC 控制程序	写出自动化生产线的工作流程	描述清楚、正确	是/否	
	规划系统网络的通信数据	规划合理	是/否	
	编写 PLC 程序	满足控制要求（主要是输送单元控制程序）	是/否	
总调试	机械	满足控制要求	是/否	
	电气检测元件	满足控制要求	是/否	
	气动系统	不漏气,动作平稳（摆动气缸摆角的调整是否恰当）	是/否	
	相关参数设置	满足控制要求	是/否	
	PLC 程序	满足控制要求； 输送单元:能否完成抓取工件操作；抓取工件操作的逻辑是否合理;能否完成移动操作,定位误差是否影响机械手顺利放下工件的操作;放下工件操作的逻辑是否合理;返回过程中是否有高速段和低速段,返回时能否正确复位。 其他工作单元:动作过程是否符合工艺流程要求	是/否	
职业素养与安全意识		现场操作安全保护符合安全操作规程	是/否	
		工具摆放、包装物品、导线线头等的处理符合职业岗位的要求	是/否	
		团队既有分工又有合作,配合紧密	是/否	
		遵守纪律,尊重老师,爱惜实训设备和器材,保持工位整洁	是/否	

参 考 文 献

[1] 吕景泉. 自动化生产线安装与调试[M]. 北京：中国铁道出版社，2009.

[2] 吴有明，曹登峰. 自动化生产线调试与维护[M]. 北京：北京大学出版社，2013.

[3] 中国·亚龙科技集团. 亚龙 YL-335B 自动化生产线实训考核装备[P].

[4] 张同苏. 自动化生产线安装与调试实训和备赛指导[M]. 北京：高等教育出版社，2015.

[5] 龚仲华. 机电一体化技术与系统[M]. 北京：人民邮电出版社，2017.

[6] 张文明，华祖银. 嵌入式组态控制技术[M]. 北京：中国铁道出版社，2011.

[7] 王也仿. 可编程控制器应用技术[M]. 北京：机械工业出版社，2015.

[8] 廖常初. S7-200 PLC 基础教程[M]. 北京：机械工业出版社，2006.

[9] 俞志根. 传感器与检测技术[M]. 北京：科学出版社，2007.

[10] Panasonic 使用说明书（综合篇）交流伺服马达·驱动器 MINAS A5 系列.